Unity 3D 虚拟现实技术开发

王海婴
王赵依楠 | 主编

吴亚莉 | 副主编

·北京·

内容简介

本书详细介绍了虚拟现实相关的概念原理，并详细讲述应用开发工作中交互功能的实现技术。全书共分为9章，其中，第1章详细介绍了虚拟现实的基本概念、发展历程以及日益临近我们的元宇宙的发展雏形，给学习者建立兴趣和方向；第2、3章介绍了虚拟现实开发软件Unity 3D的工作界面和地形与美术资源的构建，为虚拟现实空间的开发探索打下基础；第4～6章为全书的重点和难点，分别介绍了使用C#进行游戏脚本编程、NVIDIA的Physics物理引擎、Mecanim动画系统，进一步筑牢学习者开发虚拟现实应用的重要技能；第7章介绍了界面开发和设计的新技术UGUI；第8章介绍了粒子系统；第9章介绍了人工智能的成果在游戏开发中的使用，智能寻路导航在游戏开发中的应用，以及相应的三大组件。

本书以引导读者正确认识VR相关技术，掌握虚拟现实应用软件交互功能开发为目的，将知识点有机融合，在操作过程中由浅入深、循序渐进地安排了教学内容，便于读者循序渐进地掌握虚拟现实应用软件交互功能开发的基本流程和关键技术。

本书适合于应用型本科、高职院校的虚拟现实、数字媒体、计算机应用等专业的虚拟现实技术课程教学使用，也可作为广大虚拟现实内容开发者自学的进阶图书，还可以作为从事虚拟现实项目开发的工程技术人员学习和应用的参考书。

图书在版编目（CIP）数据

Unity 3D虚拟现实技术开发 / 王海婴，王赵依楠主编；吴亚莉副主编. —北京：化学工业出版社，2022.6（2024.1重印）

ISBN 978-7-122-40880-8

Ⅰ.①U… Ⅱ.①王… ②王… ③吴… Ⅲ.①游戏程序-程序设计 Ⅳ.①TP311.5

中国版本图书馆CIP数据核字（2022）第034920号

责任编辑：李彦玲　　文字编辑：师明远

责任校对：边　涛　　装帧设计：王晓宇

出版发行：化学工业出版社（北京市东城区青年湖南街13号　邮政编码100011）

印　　装：北京科印技术咨询服务有限公司数码印刷分部

787mm×1092mm　1/16　印张11　字数236千字　　2024年1月北京第1版第2次印刷

购书咨询：010-64518888　　售后服务：010-64518899

网　　址：http://www.cip.com.cn

凡购买本书，如有缺损质量问题，本社销售中心负责调换。

定　　价：39.80元

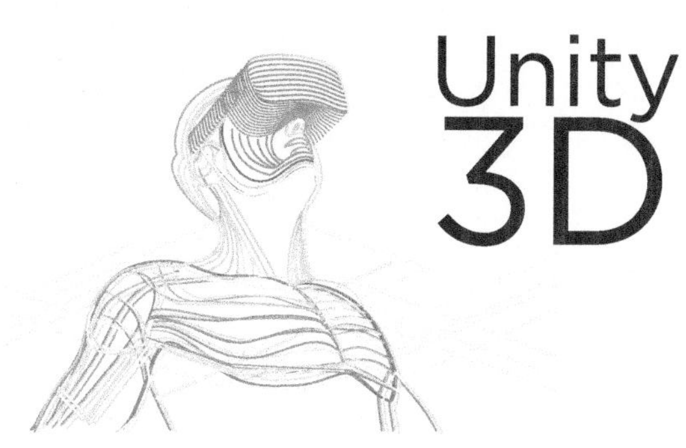

前言
PREFACE

自从 2016 年——虚拟现实元年以来，虚拟现实技术的发展经过了高潮逐渐走向低谷，但近几年有了大量技术沉淀。2020 ～ 2021 年因为“新冠疫情”、“宅”经济，人们的生活方式纷纷转入线上，虚拟现实的应用又火了起来。专家们纷纷看好未来它的应用落地，主要也是因为技术的逐渐成熟，使用规模逐渐扩大。

在实际生活中，大家也能看到包括《狮子王》《头号玩家》《银翼杀手 2049》《奇幻森林》影片都采用了虚拟现实技术来拍摄和完成。而 VR 游戏，诸如《节奏空间》《VR 绘画》《SuperhotVR》《愤怒的小鸟 VR 版》《精灵宝可梦 Go》《哈利・波特：巫师联盟》《星球大战：绝地挑战》等畅销 VR/AR 大作也受到了全球玩家的广泛认可。

可以预见，虚拟现实和增强现实技术的应用，无论是在 B 端还是 C 端都有广阔的市场。而说起 VR/AR 技术的教育，就不得不提起实时 3D 内容创作平台 Unity——全球 60% 以上的 VR/AR 内容都是基于这个引擎创建的。

作为全球应用非常广泛的实时互动内容创作平台，Unity 触及全球规模最大的用户群，迄今注册用户数已超 1700 万。Unity 原生支持：OculusRift、SteamVR/Vive、PlaystationVR、MicrosoftWindowsMixedReality、MagicLeap、AppleARKit、GoogleARCore、PTCVuforia、商场 SenseAR 等主流 VR/AR/MR 平台开发。目前，69% 的 OculusRift 平台内容、74% 的 HTCVive 平台内容、91% 的 HoloLens 平台内容均使用 Unity 进行开发。

在此背景下，作者团队结合多年的教学经验，不断提升与完善，编写了《Unity 3D 虚拟现实技术开发》一书。本书采用项目驱动的方式组织教学内容，采用大量的图片对操作步骤进行详细说明，并将所有知识点进行有机结合。全书内容丰富，系统性和应用性强，结合作者多年教学和实践经验及体会而编写，能够使读者较快上手，并跟随本书介绍的实践过程，循序渐进地掌握使用 Unity 3D 开发虚拟现实交互功能的实现技术。

本书由王海婴、王赵依楠主编，吴亚莉副主编，梁永文、余德峰参编。本书在编写过程中，杜韦辰、冯凯、宁静涛、赵燕、许朝森、周登杰、邹宏伟、鲍蓉、邓军军、孙玉玲等给予了大量的帮助。化学工业出版社的编辑们以高度负责的敬业精神，为本书付出了大量的心血，兰州石化职业技术大学数字媒体教研室的老师和印刷出版工程分院的领导，为本书提出了很多宝贵的意见，在此向所有提供过帮助的人表示衷心的感谢。

由于编者水平有限，书中难免有疏漏之处，敬请各位读者与专家批评指正。

编者

2022 年 5 月

Unity 3D

目录

CONTENTS

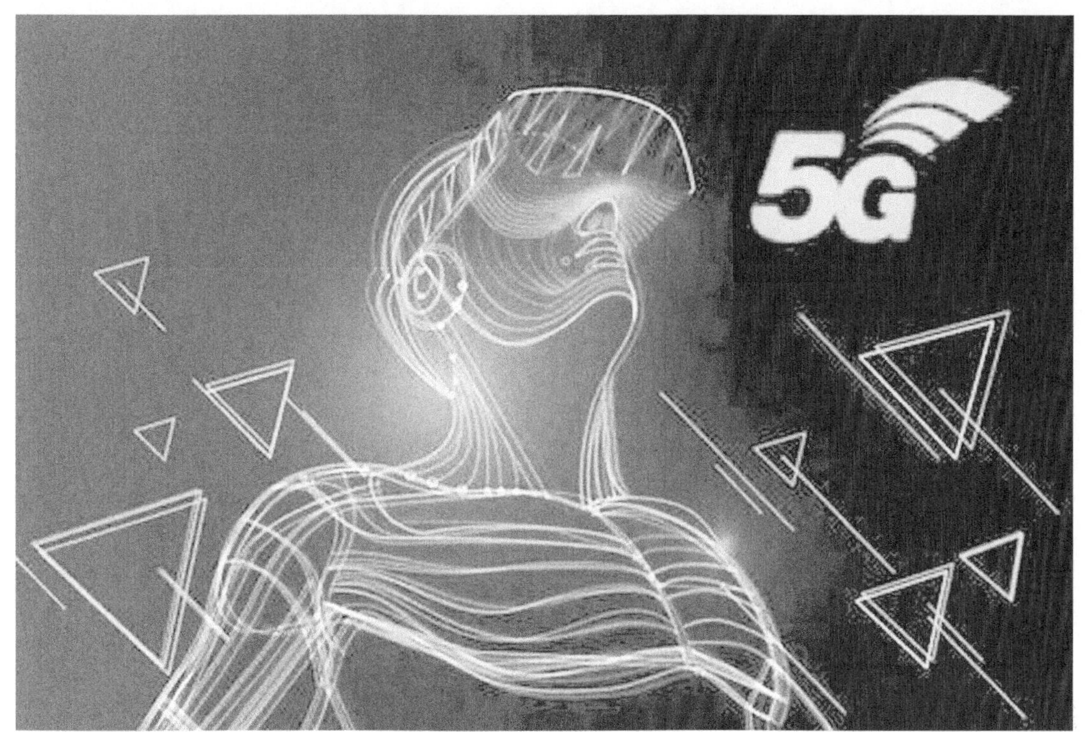

第1章
虚拟现实概述

本章素质技能目标

结合本章内容，独立自主地学习和阅读课外资料，正确理解虚拟现实、增强现实、混合现实概念，并辨析它们之间的区别，养成独立学习的能力和跟踪科技最新趋势的能力。通过讨论元宇宙，体会本门课程的意义，理解科技对于人类生活的促进，形成热爱学习、热爱本课程的情感。

随着 5G 时代到来，5G 典型的核心应用场景——虚拟现实（virtual reality，VR）被人们津津乐道。什么是虚拟现实呢？让我们来追寻这一概念的轨迹。20 世纪 80 ～ 90 年代，一系列科幻题材小说、电影就勾画了虚拟现实技术的雏形，近年来随着 Oclus Rift，HTC Vive 等产品的出现，虚拟现实设备已经逐渐走入人们的生活。问：虚拟现实究竟是什么？具有相互矛盾含义的虚拟与现实两个词，为何会同时出现？

本章我们对虚拟现实走入人们生活的过程进行回顾，帮助大家建立虚拟现实的准确概念。

1.1 VR 从科幻到现实

科幻电影往往能够“预知”未来，一些早年科幻电影中的场景往往在后期得以实现。如电影《黑客帝国》中的世界，它虚构了人类某个发展时期，大多数人并不知道自己生活在虚幻的世界里。2016 年，Facebook 花 20 亿美元收购虚拟现实公司 Oculus，瞬间让虚拟现实技术再次成为全世界科技的焦点之一。苹果也悄悄地收购了一家虚拟现实公司 Metaio。微软也“卧薪尝胆”推出了“身手不凡”的全息眼镜设备 HoloLens。三星、谷歌、索尼等国际巨头纷纷以投资或者自己研发的方式加入这个战场。

虚拟现实首先来源于游戏，但是并非仅关于游戏。无论是《黑客帝国》还是《盗梦空间》描绘的世界，人们并不是坐在房间里用虚拟现实技术玩游戏。目前，不少公司已经开始将虚拟现实技术深入应用到电影或购物中，以更好地增加人们的实景体验。虚拟现实带来的是一个平行的数字世界，帮助我们与其他人进行各种交流和互动。虚拟现实仍处于发展初期，但该领域的先驱、Oculus 的创始人兼 CEO 布兰登・艾里布坚信，它将成为一项变革性的技术，将变得跟电话、个人计算机（PC）或者互联网一样富有影响力。通过“互联网 + 虚拟现实”，移动游戏、影音娱乐、社交网络、电子商务、在线体验等领域都会取得革命性的突破。虚拟现实技术的发展比我们之前预计的还要更快一些，其实科幻与现实之间也就是一线之隔。技术问题或许已经不是虚拟现实面临的最大瓶颈，人类未来面临的大困扰或许是如何面对原子与比特、现实与幻境之间越来越模糊的界限。人类在现实世界中的所有问题，将要在虚拟现实中全部重新定义一次。世界移动通信大会（MWC）的三星发布会让人们见识了虚拟现实的震撼，Facebook 的 CEO 扎克伯格更坦言其对虚拟未来的展望，其轻装走在一众戴着头显的与会者中的照片（见图 1-1）更被快速传播……这一幕在很多科幻甚至神话题材作品中都有出现，即一个清醒、理智的人，面对一大群沉迷在虚幻幸福中的浑噩者。但是很快，人们就从这张照片中感觉到了担忧甚至恐慌：《黑客帝国》那种世界难道已经不可避免地来了？

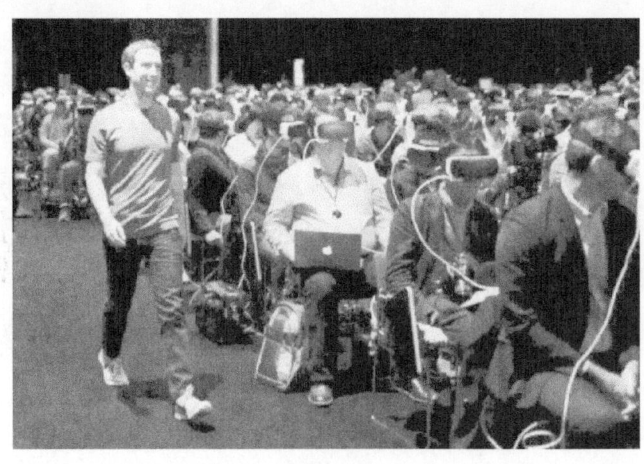

图 1-1

一些物理学家、宇宙学家和技术专家很乐于提到的一个概念是，我们所有人都生活在一个巨大的计算机模拟程序中，类似电影《黑客帝国》里的情形，我们也都错误地将虚拟世界认为是真实世界。计算机为我们带来了逼真得近乎可怕的游戏，其中的人物会根据我们的选择自动做出回应，此外还有令人完全沉浸其中的虚拟现实模拟器。这些应该足以让你感到怀疑了吧。

《黑客帝国》的故事给这一概念提供了极其直观的注解。在这个故事里，人类被一种邪恶力量锁定在一个虚拟世界中，所有人都毫无疑问地相信自己看到的一切是“真实”的，相信这种被困在一个人造宇宙中的科幻噩梦是真实的。

虚拟现实科技真的可以发展到让人忘却现实，种种现实中的需求、欲望同步实现于虚拟世界中。阿道司・赫胥黎（Aldous Huxley）的《美丽新世界》是 20 世纪最经典的反乌托邦文学作品之一，据说它比乔治・奥威尔（George Orwell）的《1984》更具有警示性：我们终究会逐渐变成奢侈品的奴隶而非主宰者，并且心甘情愿成为奴隶。

1.2 虚拟现实的概念

虚拟现实（virtual reality，VR）是以计算机技术为核心，综合了计算机图形学、仿真技术、多媒体技术、人工智能技术、计算机网络技术、传感器技术、光学技术等现代高科技技术，形成的一个集视觉、听觉、触觉等器官模拟的虚拟环境。在这个多维信息空间内，用户通过多种设备以自然的方式与虚拟环境中的对象进行交互，从而产生身临其境的感受和体验。

虚拟现实技术一经问世，就引起了人们浓厚的兴趣。随着多媒体技术、传感器技术、光学技术等相关技术高速发展，虚拟现实技术已趋于成熟并得到人们的认可，给社会发展带来巨大的经济效益。目前虚拟现实技术在互联网上的搜索量已经远远超过智能手机和 PC，因此业内人士认为：20 世纪 80 年代是个人计算机时代，90 年代是网络时代，21 世纪前十多年是移动互联网时代，而接下来将是虚拟现实技术时代。虚拟现实源于现实又超越现实，它将对科学、工程、文化、教育和认知等各个领域及人类生活产生深远影响。

1.3 虚拟现实的发展历程

虚拟现实作为一门技术，真正谈及它的历史还得从 20 世纪上半叶开始，大致分为 6 个阶段。

（1）模糊幻想阶段（20 世纪 60 年代前）

VR 起源最早可以追溯到 1938 年法国著作《戏剧及其重影》。在这本书里，阿尔托将剧院描述为虚拟现实。

虚拟现实技术是对生物在自然环境中的感知和动作等行为的一种模拟交互技术，它与仿真技术的发展息息相关。中国古代战国时期的风筝就是模拟飞行动物和人之间的互动，风筝的拟声、拟真和互动行为是仿真技术在中国的早期应用，它也是中国古人最早尝试试验的飞行器模型。1929 年，美国发明家埃德温·林克（Edwin Link）率先设计了第一台真正意义上的飞行模拟器，让操作者能有乘坐真正飞机的感觉。这些早期发明蕴涵了虚拟现实技术的思想，可以认为是虚拟现实技术的前身。

（2）萌芽阶段（20 世纪 60 年代）

1957 年，当大部分人还在使用黑白电视机的时候，美国发明家莫顿·海利希（Morton Heilig）已经成功造出了一台能够正常运转的 3D 视频机器。它能让人沉浸于虚拟摩托车上的骑行体验，感受声响、风吹、振动和布鲁克林马路的味道。莫顿·海利希给它起名“全传感仿真器（sensorama simulator）”。

1960 年，莫顿·海利希获得了 Telesphere Mask 专利。它看起来非常现代，几乎可以看作是早期的 Gear VR，只是没有体感追踪功能。莫顿·海利希在申请中将其描述为“个人用途的可伸缩电视设备”，实际上它和人们现在习惯的头戴式显示设备很类似，不同的是它使用的是缩小的电视管，而不是连接到智能手机或电脑。专利文件这么描述该发明：“给观众带来完全真实的感觉，比如移动彩色三维图像、沉浸其中的视角、立体的声效、气味和空气流动的感觉。”它设计轻便，耳朵和眼部的固定装置可以调整，戴在头上很方便，很多现代的头戴设备也比不上它。

1965 年，被誉为计算机图形学之父的美国科学家伊凡·苏泽兰（Ivan Sutherland）提出感觉真实和交互真实的人机协作新理论。1968 年，伊凡·苏泽兰研发出视觉沉浸的头戴式立体显示器和头部位置跟踪系统，这是虚拟现实技术发展史上一个重要的里程碑。此阶段为虚拟现实技术基本思想的产生和理论发展奠定了基础。

需要注意的是，此阶段专门设计的头盔重量超出了大多数人的承受能力，用来跟踪用户的视线以反馈给计算机的设备太重了。这就需要在墙上或天花板上装一套装置，用来吊挂头盔显示器。伊凡·苏泽兰的第一台头盔显示器很快就赢得了一个绰号——达摩克利斯之剑，它通过一个巨大的、看起来很危险的吊臂悬挂在天花板上。当用户改变他们头部的位置时，吊臂关节的移动就传输到计算机中，计算机则相应地更新屏幕显示。

（3）概念产生和理论的初步形成阶段（20 世纪 70 ～ 80 年代）

1973 年，美国科学家迈伦·克鲁格（Myron Krurger）提出“virtual reality”概念后，人们对于这一领域的关注开始逐渐增多。关于虚拟现实的幻想，从小说延伸到电影。1981 年，科幻小说家弗诺·文奇（Vernor Steffen Vinge）的中篇小说《点名实姓》和 1984 年威廉·吉布森出版的重要科幻小说《神经漫游者》里都有关于虚拟现实的描述。1982 年，由斯蒂文·利斯伯吉尔执导、杰夫·布里古斯等人主演的影片《电子世界争霸战》上映，该影片第一次将虚拟现实带给了大众，对后来类似题材电影的创作产生了深远影响。在整个 20 世纪 80 年代，美国科技圈掀起一股虚拟现实热，虚拟现实甚至出现在《科学美国人》和《国家寻问者》杂志的封面上。

这一时期出现了 Videoplace 与 View 两个比较典型的虚拟现实系统。Videoplace 系统是一个计算机生成的图形环境，在该环境中参与者看到他本人的图像投影在一个屏幕上，通过协调计算机生成的静物属性及动体行为，可使图像投影实时地响应参与者的活动。如图 1-2

所示。

图 1-2

View 系统是美国 NASA Ames 实验中心研制的第一个进入实际应用的虚拟现实系统。1985 年，View 系统雏形在美国 NASA Ames 实验中心完成时，该系统以低廉的价格，让参与者有亲身体验的效果，从而引起有关专家的注意。随后，View 系统 X 装备了数据手套、头部跟踪器等硬件设备，提供了语音、手势等交互手段，使之成为一个名副其实的虚拟现实系统。目前，大多数虚拟现实系统的硬件体系结构都由 View 系统发展而来，由此可见 View 系统在虚拟现实技术发展过程中的重要作用。View 系统的成功，对虚拟现实技术的发展是一个很大的鼓舞，并引起了世人的极大关注。

1978 年，埃里克 · 豪利特（Eric Howlett）发明了一种超广视角立体镜呈现系统（LEEP 系统），这套系统尽可能地矫正了在扩大视角时可能产生的畸变，把静态图片转换为 3D 效果。LEEP 系统的镜头拥有虚拟现实头盔镜头最大的视场角，帕尔默 · 洛基（Palmer Luckey）在 2011 年定制的第一款 Oculus 原型也是采用 LEEP 的镜头方案。

1983 年，美国国防部高级研究计划局与陆军共同制订了仿真组网（SIMNET）计划，随后宇航局开始开发用于火星探测的虚拟环境视觉显示器。这款为 NASA 服务的虚拟现实设备叫 VIVED VR，能在训练的时候帮助宇航员增强太空工作临场感。

1987 年，游戏公司任天堂推出了 Famicom 3D System 眼镜，其原理是通过左右眼画面高速切换，再经适配器转换将影像投射到 3D 眼镜上，从而产生立体效果。1984 年，美国 VPL 公司的创始人 Jaron Lanier 发现了虚拟现实的商机，并于 1985 年成立了 VPL 公司。该公司制造了 Eye Phone（第 4 款民用虚拟现实产品）和 Data Glove 等虚拟现实产品，可以说 VPL 公司是首家将虚拟现实产品推向大众的公司。通常认为，1989 年，Jaron Lanier 正式提出了“virtual reality”并被正式认可和使用。

（4）进一步完善和应用（20 世纪 90 年代到 21 世纪初）

到了 20 世纪 90 年代，VR 热开启了第一波的全球性蔓延。1992 年，VR 电影《割草者》上映，VR 在当时的大众市场引发了一个小高潮。从 1992 年到 2002 年，前后至少有六部电影提到虚拟现实或者就是虚拟现实电影，其中影响最大的莫过于 1999 年上映的《黑客帝国》，被称为最全面呈现 VR 场景的电影。《黑客帝国》展示了一个全新的世界，异常震撼的超人表现和逼真的世界一直是虚拟现实行业梦寐以求的场景。

1992 年，美国 Sense 8 公司开发了 World Tool Kit（WTK）软件开发包，通过使用“WTK”可极大缩短虚拟现实开发周期。如工程师们在波音 777 飞机设计上采用虚拟现实技术，采用传统的图样设计方式，波音 777 零件总数高达 300 万件，需要 7000 余名各类设计人员组成 238 个产品研制小组同时工作。由于工作小组规模庞大，每个小组之间的衔接、错误率、重复工作等都是让管理者无比头疼的问题，通过虚拟现实三维模型仿真技术的协助，波音 777 的设计错误修改量较过去减少了 90%。

1993 年的国际消费类电子产品博览会（CES）大会上，游戏公司世嘉推出 SEGA VR，并为此开发了 4 款游戏，宣传宏大真实的 3D 游戏体验。但由于技术缺陷，SEGA VR 一直停留在原型阶段，从未走向大众市场。

1994 年，虚拟现实建模语言（virtual reality modeling language，VRML）出现了，为图形数据的网络传输和交互奠定了基础。VRML 是一种用于建立真实世界场景模型或人们虚构的三维世界场景的建模语言，具有平台无关性。VRML 本质上是一种面向 Web、面向对象的三维建模语言，而且是一种解释性语言。VRML 的对象称为节点，子节点的集合可以构成复杂的景物。

1995 年，任天堂推出了当时知名的游戏外设——Virtual Body。但这款革命性的产品由于理念过于超前以及当时技术能力的限制，没有得到市场的认可。2000 年，VR 头戴设备 SEOS HMD 120/40 发布，这款 VR 头戴设备的视场角能达到 120° ，质量仅为 1.13kg。

（5）暴发前夜的静默酝酿期（2004 ～ 2012 年）

在 21 世纪的第一个 10 年里，互联网和移动通信技术融合为移动互联网并迎来暴发，VR 仿佛被人遗忘。虽然 VR 在市场上的种种尝试并没有获得良好的效果，但人们从未停止在 VR 领域的研究和开拓，尤其在医疗、飞行、制造和军事领域，VR 技术开始得到深入的应用和研究。

Sensics 公司在 2008 年推出了高分辨率、超宽视野的显示设备 piSight，piSight 利用一系列微型显示器提供了 150° 的广角图像。索尼（Sony）公司于 2012 年 2 月 23 日发布 HMZ-T1，HMZ-T1 是一款 3D 头盔显示器，可应用于 3D 电影、游戏。由于该款机型内置了 5.1 声道环绕声耳机，所以 Sony 公司又称其为“头戴 3D 个人影院”。之后，索尼公司又推出了 HMZ-T2、Prototype-SR 等后续机型。

（6）VR 元年的井喷（2012 年至今）

2012 年 8 月，19 岁的帕尔默 · 洛基（Palmer Luckey）把 Oculus Rift 推上了众筹平台，短短一个月就获得了 9522 名用户的支持，收获 243 万美元众筹资金，使得 Oculus Rift 能够顺利进入开发和生产阶段。2013 年，Oculus Rift 推出了开发者版本（见图 1-3）。2014 年，互联网巨头 Facebook 以 20 亿美金收购 Oculus，该事件强烈刺激了科技圈和资本市场，沉寂了多年的 VR 终于迎来了暴发。

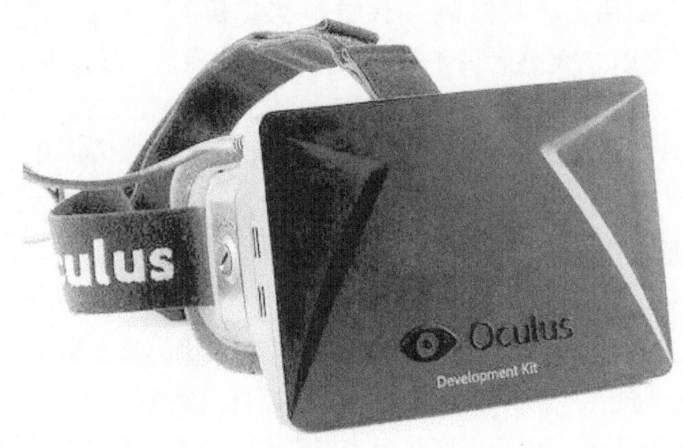

图 1-3

Facebook 收购 Oculus 事件也成为 VR 进入新时代的标志性事件。2014 年之后，各大公司纷纷开始推出自己的 VR 产品，谷歌推出廉价易用的 Cardboard，三星推出了 Gear VR 等，消费级的 VR 开始大量涌现。得益于智能手机近几年的高速发展，VR 设备所需的传感器、液晶屏等零件价格降低，解决了量产和成本的问题。短短几年，全球的 VR 创业者数量暴增，2014 年 VR 硬件企业就有 200 多家。

2015 年 3 月，HTC 和 Valve（掌握 HTC Vive 头盔中最为关键的定位追踪技术 Lighthouse）合作开发的 VR 设备 HTC Vive 首次公布。2015 年 6 月，Oculus 正式公布消费者版 Oculus Rift 头盔和 Touch 控制器。

2015 年 11 月，三星宣布 Gear VR 消费者版正式开启预售。2016 年 CES 上，40 余家企业同步展出最新的 VR 科技成果，VR 大暴发。根据消费电子协会（CEA）的研究，VR 头戴设备的销售在 2015 年末增幅达到 440%。2020 年，全球 VR 与增强现实（augmented reality，AR）技术市场规模达到 1500 亿美元。2019 年春，Oculus Quest（见图 1-4）上市，该设备属于无线 VR 独立一体机，附带两个六轴控制手柄，摆脱了众多的线缆束缚，用户的沉浸感、体验感极佳，售价 399 美元，同时在 VR 应用体验商店中上线了大量 VR 应用供用户下载，掀起了一股新的 VR 体验与开发高潮。2020 年 9 月推出的 Quest 2，售价仅 299 美元，体验提升，销售突破千万台的奇点。国内华为、中兴、联想、HTC、暴风、360、小米、迅雷、京东、阿里、腾讯、百度等全部进入 VR 领域；国外，索尼 PSVR、Facebook 旗下的 Oculus、三星 Gear VR、微软 Win 10 MR、谷歌 Cardboard 和 Daydream、苹果 ARKit 等都已经陆续进入市场。从互联网巨头的着力方向可判断，从硬件到内容再到平台，最终将构成各具特色的 VR 产业生态圈。VR 在未来将会是一个巨大的市场，整个 VR 产业生态系统涉及头显设备、交互设备、开发工具、内容分发平台等，辐射各个行业，覆盖软件、硬件、平台、项目孵化等多个方向。

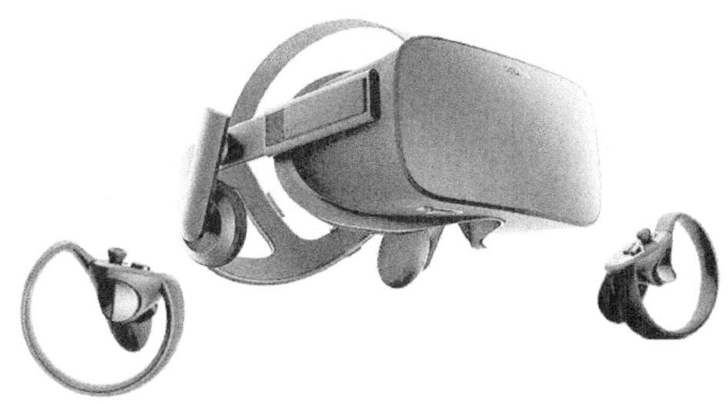

图 1-4

2019 年工信部为国内各大移动通信公司颁发了 5G 牌照，5G 时代到来。5G 的大带宽、低时延、高速率的特点，促进了 VR 游戏行业的快速发展，云渲染技术的普及给运营商及整个产业链带来巨大的商业价值，穿越时空 VR 体验馆、VR 游戏前景未来可期，VR 设备清晰度也得到了新的发展。2021 年，国内的字节跳动以 90 亿人民币收购 VR 设备研发商 Pico 布局未来。

在 VR 应用方面，VR 技术应用在全国两会、大型体育赛事、演唱会，以及发布会、展会、论坛、民间活动等各种场景，并通过 VR 头显、手机端等多种渠道传递给广大用户，使老百姓更容易接触、体验到 VR 内容。穿越时空 VR 体验馆的发展需要与 VR 游戏内容商、设备商、运营商及互联网公司等共同协作，才能提供更优质的体验。

5G 的到来的确会给 VR 产业带来非常有利的改变，这主要体现在 5G 的高速率、低延时上，能够帮助用户体验实时超高清画质，同时避免延时所带来的身体不适感。5G 与云端结合，让 VR 设备中的运算都放在云端进行，不仅节省了成本，还减轻了 VR 设备的重量，极大地提升了用户的使用体验。

1.4　虚拟现实的技术特征、系统类型、价值

1.4.1　虚拟现实的技术特征

在技术的原创性思想里，虚拟现实是让主体得到一种实际的感觉性的存在。虚拟现实中的虚拟是借信息转换的技术手段实现的一种人与计算机共存的状态。虚拟现实既不是有形的物理现实，也不是根本不存在的虚无，它是一种特殊的存在，是一种人造的电子环境，不能简单地把它归为意识。

迈克尔·海姆（Michael Heim）从《韦氏词典》中对 virtual 和 reality 的解释出发，认为虚拟现实是实际上而不是事实上为真实的事件或实体。在他提出的狭义的虚拟现实中，描述了虚拟现实作为一种主体认识新技术所表现出的“3I”特征，即身临其境的沉浸感（immersive）、人机界面的互动性（interactivity）以及实现远程显现的信息强度（information intensity）。当下最广为接受的虚拟现实技术特征可概括为以下“3I”特征。

（1）沉浸感（immersion）

沉浸感是虚拟现实技术最基本的特征，指用户感到作为主角沉浸到虚拟的空间之中，脱离现有的真实环境，获得与真实世界相同或相似的感知，并产生身临其境的感受。为了实现尽可能好的沉浸感，虚拟现实系统需要具备人体的感官特性，包括视觉、听觉、嗅觉、触觉等。其中，视觉是虚拟现实最重要的感知接口，人类获取的信息 70% ～ 80% 来自视觉。

（2）交互性（interaction）

交互性是指用户通过软硬件设备进行人机交互，包括用户对虚拟环境中对象的可操作程度和从虚拟环境中得到反馈的自然程度。虚拟现实应用中，用户将从过去只能通过键盘、鼠标同计算机环境中的单维数字信息交互，升级为用多种传感器（陀螺仪、加速度计、视线追踪、手势识别等）与多维信息的环境交互，逐渐与真实世界中的交互趋同。

（3）构想性（imagination）

构想性是指用户在虚拟世界中根据所获取的多种信息和自身在系统中的行为，通过逻辑判断、推理和联想等思维过程，随着系统的运行状态变化对系统运动的未来进展进行想象，以获取更多的知识，认识复杂系统深层次的运动机理和规律性。构想性强调虚拟现实技术应具有广阔的想象空间，可拓宽人类认知范围，不仅可再现真实存在的环境，也可以自己构想客观不存在的甚至是不可能产生的环境。

总之，虚拟现实具有沉浸感、交互性、构想性，使用户能在虚拟环境中做到沉浸其中、超越其上、进出自如和交互自由。它强调了人在虚拟现实系统中的主导作用，即人的感受在整个系统中是最重要的。特别是交互性和沉浸感，是虚拟现实与任何一种其他相关技术（如三维动画、仿真以及传统的图形图像技术等）的本质区别。

1.4.2 虚拟现实系统类型

实际应用中，根据沉浸感程度高低和交互自然程度不同，VR 系统可分为以下 4 类。

（1）桌面式虚拟现实系统（Desktop VR）

桌面式虚拟现实系统利用个人计算机或低配工作站进行仿真，将计算机的屏幕作为用户观察虚拟环境的一个窗口，通过各种输入设备实现与虚拟世界的充分交互，这些设备包括位置跟踪器、三维鼠标或其他手控输入设备等。桌面式虚拟现实系统要求参与者使用输入设备，通过计算机屏幕观察 360° 范围内的虚拟环境，并操纵其中的物体，但此时参与者缺少完全的沉浸，因为仍然会受到周围现实环境的干扰。桌面式虚拟现实系统缺乏真实的现实体验，但是成本相对较低，所以应用比较广泛。常见的桌面式虚拟现实技术或产品有基于静态图像的虚拟现实（Quick Time VR）、虚拟现实建模语言（VRML）、Z Space 3D 虚拟成像系统等。

（2）沉浸式虚拟现实系统（Immersive VR）

沉浸式虚拟现实系统提供完全沉浸的体验，使用户有一种置身于虚拟环境之中的感觉。它利用头盔显示器或其他设备，把参与者的视觉、听觉和其他感觉封闭起来，提供一个新的、虚拟的感觉空间，并利用位置跟踪器、数据手套、其他手控输入设备、声音等使得参与者产生一种身临其境、全心投入和沉浸其中的感觉。

沉浸式虚拟现实系统能支持多种输入输出设备，通过提供“真实”的体验和丰富的交互手段来达到高度的沉浸感和实时性。常见的沉浸式虚拟现实系统有基于头盔显示器的系统、投影式虚拟现实系统。

（3）增强式虚拟现实系统（Aggrandize VR）

增强式虚拟现实系统不仅利用虚拟现实技术来模拟现实世界，而且要利用它来增强参与者对真实环境的感受，也就是增强现实中无法感知或不方便的感受。典型的案例是战机飞行员的平视显示器，它可以将仪表读数和武器瞄准数据投射到安装在飞行员面前的穿透式屏幕上，以使飞行员不必低头读座舱中仪表的数据，从而可集中精力盯着敌人的飞机或导航偏差。增强式虚拟现实系统最大的特点是真实世界和虚拟世界在三维空间中是叠加的，并具有实时人机交互功能。

（4）分布式虚拟现实系统（Distributed VR）

如果多个用户通过计算机网络连接在一起，同时加入到一个虚拟空间，共同体验虚拟经历，此时的虚拟现实系统又提升到了一个更高的境界，也就是分布式虚拟现实系统。在分布式虚拟现实系统中，多个用户可通过网络对同一虚拟世界进行观察和操作，以达到协同工作的目的。目前最典型的分布式虚拟现实系统是 SIMNET。SIMNET 由坦克仿真器通过网络连接而成，用于部队的联合训练。通过该系统，位于德国的仿真器可以和位于美国的仿真器运行在同一个虚拟世界中，参与同一场演习。各虚拟现实系统的工作原理及优缺点如表 1-1 所示。

表1-1 各虚拟现实系统工作原理及优缺点

分类	工作原理	优点	缺点
桌面式虚拟现实系统	使用个人计算机或低配工作站来产生三维的交互场	成本相对较低，应用较为普及	用户会受到周围显示环境的干扰而不能获得完全的沉浸感
沉浸式虚拟现实系统	利用头戴式显示设备、投影式显示设备和数据手套等交互设备把用户的视觉、听觉和其他感觉封装起来，产生身临其境、全心投入和沉浸其中的感觉	具有高度沉浸感、实时性和交互性，并具有良好的系统集成度和开放度	技术要求和成本预算较高，起步较晚
增强式虚拟现实系统	允许用户对现实世界进行观察的同时，将虚拟物体叠加在现实世界之中	在虚拟现实与真实世界之间进行相互补充	技术要求和成本预算高，起步晚
分布式虚拟现实系统	基于网络的虚拟环境，在该环境中，位于不同物理环境位置的多个用户通过网络同时参加一个虚拟现实环境并与其他用户进行交互并共享信息	应用于远程虚拟会议、虚拟医学会诊、多人网络游戏、虚拟战争演习等领域	需要较大投入，大众普及较难

1.4.3 虚拟现实技术的价值

虚拟现实技术是人机交互内容、交互方式、交互效果的革新。

（1）人机交互内容的革新

计算机最早用于数值计算，之后用于处理字符串、文本、图像、声音等多种媒体信息。对于虚拟现实系统而言，是以多媒体信息的虚拟环境作为计算机处理的对象和人机交互的内容。

（2）人机交互方式的革新

传统计算机通常使用显示器、键盘、鼠标等输入输出设备进行交互，它们是面向计算机开发的，用户需要学习这些设备的操作方法。而虚拟现实系统采用的输入输出设备可使用户利用自己的感觉来感知环境，是专门以用户为中心设计的。

（3）人机交互效果的革新

在虚拟现实系统中，用户通过基于自然的特殊设备进行交互，得到逼真的视觉、听觉、触觉等感知效果，使人产生身临其境的感觉，如同置身于真实世界。

基于虚拟现实技术的虚拟世界，使人机交互界面更加形象和逼真，激发了人们对虚拟现实技术的兴趣。近年来，国内外虚拟现实技术的应用更加广泛，并取得了巨大的经济效益与社会效益。

1.5 虚拟现实系统的相关技术与软件

本书要学习的内容包括环境建模技术、实时三维绘制技术、图像的插值及视图变换技术三维虚拟声音的仿真技术、自然交互与传感技术、碰撞检测技术等。

VR 系统的目标是由计算机生成虚拟世界，用户能与之进行视觉、听觉、触觉、嗅觉等全方位交互。要达到这个目标，除了需要有一些专业的硬件设备，还必须有较多的相关技术及软件加以保证。如要达到观察一个三维场景，并且随视角不同能实时显示变化的场景图像，我们知道只有设备是远远不够的，还必须有相应的压缩算法等技术支持。由此可见，实现 VR 系统除了需要功能强大的硬件设备支持以外，对其相关技术和软件也提出了较高的要求。

1.5.1 环境建模技术

虚拟环境的建立是 VR 技术的核心内容，虚拟环境是建立在建模基础之上的，只有设计出反映研究对象的真实有效的模型，VR 系统才有可信度。虚拟环境建模的目的是获取实际环境的三维数据，并根据应用的需要，利用获取的三维数据建立相应的虚拟环境模型。

建模技术的内容十分广泛，目前也有很多较成熟的建模技术，但有些建模技术可能对 VR 系统来说不太适合，主要的原因在于 VR 系统中实时性的要求。除此之外，这些建模技术产生的很多信息可能是 VR 系统中不需要的，或是对物体运动的操纵性支持得不够等。

VR 系统中环境的建模技术与其他图形建模技术相比，主要有以下 3 个方面特点。

① 虚拟环境中可以有很多物体，往往需要建造大量不同类型的物体模型。

② 虚拟环境中某些物体有自己的行为，而其他图形建模系统中一般只构造静态的物体或物体简单的运动。

③ 虚拟环境中的物体必须有良好的操纵性能，当用户与物体进行交互时，物体必须以某种适当的方式来作出反应。

VR 系统包括三维视觉建模和三维听觉建模等。在当前应用中，环境建模主要是三维视觉建模。三维视觉建模又可细分为几何建模、物理建模、行为建模等。几何建模是基于几何信息来描述物体模型的建模方法，它用于对物体几何形状的表示，研究图形数据结构的基本问题；物理建模涉及物体的物理属性；行为建模反映研究对象的物理本质及其内在的工作机理。

（1）几何建模技术

几何建模技术主要研究对象是物体几何信息的表示与处理，它是涉及表示几何信息数据结构以及相关构造与操纵数据结构算法的建模方法。几何建模通常采用以下 4 种方法：

① 利用 VR 工具软件进行建模，如 OpenGL、Java 3D、VRML 等。

② 直接从某些商品图形库中选购所需的几何图形，这样可以避免直接用多边形或三角形拼构某个对象外形时烦琐的过程，也可节省大量的时间。

③ 利用常用建模软件进行建模，如 AutoCAD、3ds Max、Softimage、Pro/E 等，用户可交互式地创建某个对象的几何图形。

④ 直接利用 VR 编辑器，如 Dimension 公司的 VRT3 和 Division 公司的 Amaze 等都具有这种功能。

（2）物理建模技术

建模技术进一步发展的产物是物理建模，也就是在建模时要考虑对象的物理属性。典型的物理建模技术有分形技术和粒子系统。

① 分形技术　分形技术是指可以描述具有自相似特征的数据集。自相似的典型例子是树，若不考虑树叶的区别，当我们靠近树梢时，树的树梢看起来也像一棵大树，由相关的一组树梢构成的一根树枝，从一定的距离观察也像一棵大树。虽然这种分析并不十分精确，但比较接近。这种结构上的自相似称为统计意义上的自相似。自相似结构可用于复杂的不规则外形物体的建模。该技术首先被用于河流和山体的地理特征建模。举一个简单的例子，我们可利用三角形来生成一个随机高度的地形模型，取三角形三边的中点并按顺序连接起来，将三角形分割成 4 个三角形，在每个中点随机地赋予一个高度值，然后递归上述过程，就可产生相当真实的山体。分形技术的优点是用简单的操作就可以完成复杂的不规则物体建模，缺点是计算量太大，不利于实时性，因此，在 VR 系统中一般仅用于静态远景的建模。

② 粒子系统　粒子系统是一种典型的物理建模系统，它是用简单的体素完成复杂的运动建模。体素是用来构造物体的最小体积单元，体素的选取决定了建模系统所能构造的对象范围。粒子系统由大量称为粒子的简单体素构成，每个粒子具有位置、速度、颜色和生命周期等属性，这些属性可根据动力学计算和随机过程得到。在 VR 系统中，粒子系统常用于描述火焰、水流、雨雪、旋风、喷泉等现象及动态物体的建模。

（3）行为建模技术

几何建模与物理建模相结合，可以部分实现 VR 的“看起来真实、动起来真实”的特征，而要构造一个能够逼真地模拟现实世界的虚拟环境，必须结合行为建模技术。行为建模负责物体的运动和行为的描述。如果说几何建模是 VR 建模的基础，行为建模则真正体现出 VR 的特征。一个 VR 系统中的物体若没有任何行为和反应，则这个 VR 系统是静止的、没有生命力的，对于 VR 用户是没有任何意义的，所以说行为建模技术才真正体现了 VR 的特征。行为建模技术主要研究的是物体运动的处理和对其行为的描述，体现了虚拟环境中建模的特征。也就是说行为建模在创建模型的同时，不仅赋予模型外形、质感等表现特征，同时也赋予模型物理属性和“与生俱来”的行为与反应能力，并且服从一定的客观规律。VR 环境中的行为动画与三维动画有很大的不同。在虚拟环境行为建模中，建模方法主要有运动学方法与动力学仿真。

① 运动学方法　运动学方法是通过几何变换，如物体的平移或旋转等来描述运动。在运动控制中，无须知道物体的物理属性。在关键帧动画中，运动是通过显示指定几何变换来表现的。首先设置几个关键帧用来区分关键的动作，其他动作根据各关键帧可通过内插等方法来完成。由于运动学方法产生的运动是基于几何变换的，复杂场景的建模将显得比较困难。

② 动力学仿真　动力学仿真运用物理定律而非几何变换来描述物体的行为。在该方法中，运动是通过物体的质量和惯性、力和力矩以及其他的物理作用计算出来的。这种方法的优点是对物体运动的描述更精确，运动更加自然。

采用运动学方法与动力学仿真都可以模拟物体的运动行为，但各有其优越性和局限性。运动学方法可以做得很真实和高效，但应用面不广；而动力学仿真技术利用真实规律精确描述物体的行为，比较注重物体间的相互作用，较适合物体间交互较多的环境建模，有着广泛的应用领域。

1.5.2 实时三维绘制技术

视觉是人类感知外部世界、获取信息的最主要的传感通道。要使用户对虚拟环境产生沉浸感，首先必须要求观察的场景画面是三维立体的，即在用户的立体眼镜或 HMD 的左右眼显示器上，同步出现具有给定视差的场景画面用以产生立体视觉；其次，产生的立体画面必须随用户视点的视线方向的改变、场景中物体的运动而实时地刷新。因而三维场景的实时绘制可以说是 VR 中又一项重要的技术。传统的真实感图形绘制的算法追求的是图形的真实感与高质量，对每帧画面的绘制速度并没有严格的限制，而在 VR 系统中的实时三维绘制要求图形实时生成，需用限时计算技术来实现。由于在虚拟环境中所涉及的场景常包含着数十万甚至上百万个多边形，VR 系统对传统的基于图形的绘制技术曾提出很大挑战，因此当时提出使用基于图像进行实时绘制的全景技术来解决，该技术是在场景中建立好多观看点，每个观看点使用数字相机间隔小角度拍摄一组相片，然后在计算机上使用图像融合的算法将这一组相片拼接成 360° 的全景图，这样需实时计算的数据量大幅下降，融合拼接好的图像呈现速度快，但一般这些观看点是不连续的，毕竟不是完全 100% 数字化的空间，遗漏了大量空间呈现角度，因此还算不上真正空间的数字孪生。近年来 GPU、显卡芯片制造的精细度直逼 3 ～ 5nm 级别，集成度大幅提升带来强大的并行计算的算力已经可以实时渲染电影级（相片级）清晰度的画面了，可以说彻底解决了基于实时三维绘制的技术瓶颈。

1.5.3 图像的插值及视图变换技术

在上面所介绍的技术中，只能在指定的观察点进行漫游。根据在不同观察点拍摄的图像，交互地给出或自动得到相邻两个图像之间的对应点，采用插值或视图变换的方法求出对应于其他点的图像，可以生成新的视图。根据这个原理可实现多点漫游的要求。

1.5.4 三维虚拟声音仿真技术

在 VR 系统中，听觉是仅次于视觉的第二传感通道，是虚拟世界的一个重要组成部分。在 VR 系统中加入与视觉并行的三维虚拟声音，一方面可以在很大程度上增强用户在虚拟世界中的沉浸感和交互性，另一方面也可以减弱大脑对于视觉的依赖性，降低沉浸感对视觉信息的要求，使用户能从既有视觉感受又有听觉感受的环境中获得更多的信息。

（1）三维虚拟声音的概念与作用

VR 系统中的三维虚拟声音与人们熟悉的立体声音完全不同。我们日常听到的立体声录音，虽然有左右声道之分，但就整体效果而言，我们能感觉到立体声音来自听者面前的某个平面，而 VR 系统中的三维虚拟声音使听者能感觉到声音是来自围绕听者双耳的一个球形空间中的任何地方，即声音可能来自头的上方、后方或者前方。如战场模拟训练系统中，当用户听到了对手射击的枪声时，他就能像在现实世界中一样准确而且迅速地判断出对手的位置，如果对手在他身后，听到的枪声就应是从后面发出的。因而把在虚拟场景中的能使用户准确地判断出声源的精确位置、符合人们在真实环境中听觉方式的声音系统称为三维虚拟声音系统。在 VR 系统中，借助于三维虚拟声音可以衬托视觉效果，使人们对虚拟体验的真实感增强，即使闭上眼睛也知道声音来自哪里。当HMD的分辨率和图像质量都还较差时，声音对视觉质量的增强作用就更为重要了，原因是听觉和其他感觉一起作用时，能在显示中起增效器的作用。视觉和听觉一起使用能充分感知信息内容，尤其是当空间超出了视域范围，能提供更强烈的存在感和真实感。另外，声音是用户和虚拟环境的另一种交互方法，人们可以通过语音与虚拟世界进行双向交流。

（2）三维虚拟声音的特性

三维虚拟声音系统最核心的技术是三维虚拟声音定位技术，它的主要特性如下。

① 全向三维定位特性（3D steering）指在三维虚拟空间中，使用户能准确地判断出声源的精确位置，符合人们在真实环境中的听觉方式的一种特性，如同在现实世界中，我们一般先听到声响，然后再用眼睛去看这个地方。三维虚拟声音系统不仅允许我们根据注视的方向，而且还允许我们根据所有可能的位置来监视和识别各信息源。可见，三维虚拟声音系统能提供粗调的机制，用以引导较为细调的视觉能力的注意。在受干扰的可视显示中，用听觉引导的肉眼对目标的搜索要优于无辅助手段的肉眼搜索，即使是对处于视野中心的物体也是如此，这就是声学信号的全向三维定位特性。

② 三维实时跟踪特性（3D real tune localization）是指在三维虚拟空间中，实时跟踪虚拟声源位置变化或景象变化的能力。当用户头部转动时，这个虚拟声源的位置也应随之变化，使用户感到其实声源的位置并未发生变化。而当虚拟发声物体移动位置时，声源位置也应有所改变。因为只有声音效果与实时变化的视觉相一致，才可能产生视觉和听觉的叠加与同步效应。如果三维虚拟声音系统不具备这样的实时变化能力，那么看到的景象与听到的声音会相互矛盾，听觉就会削弱视觉的沉浸感。

③ 沉浸感与交互性。三维虚拟声音的沉浸感是指加入三维虚拟声音后，能使用户产生身临其境的感觉，这可以更进一步使人沉浸在虚拟环境之中，有助于增强临场效果。而三维虚拟声音的交互性则是指用户的临场反应和实时响应的能力。

（3）人类的听觉模型与头相关转移函数

三维虚拟声音的使用主要依赖于用户对听觉空间中各种信息源的定位能力。如在听普通立体音乐时，头部有任何运动，听者都会感到声音方向在改变。然而我们希望的是耳机传出的声音应有位置、方向感，并且能根据听者与声源的距离来反映声音的大小，这在VR系统里实现是不容易的，因为它要求声源的位置必须完全独立于系统中使用者头部的运动。因此，在设计时必须仔细考虑听者精确定位所需的声学信息，认真分析确定声源方向的理论，为三维虚拟声音系统建立人类的听觉模型。

① 人类的听觉模型　人类听觉系统用于确定声源位置和方向信息，这不仅与混响时间差和混响强度差有关，更取决于对进入耳朵的声音产生频谱的耳郭。混响时间差是指声源到达两个耳朵的时间之差，根据到达双耳的时间来判断，当左耳先听到声音时，就说明声源位于听者的左侧，即偏于一侧的声源声音先到达较近的耳朵。混响强度差是指声源对左右耳作用的压强之差。在声波的传播过程中，如果声源距离一侧比另一侧近，则到达这一侧耳朵的声波就比到达另一侧耳朵的声波强。一般来讲，混响强度差因为时间因素产生的压力差较小。其实，头部阴影效应所产生的压力差影响更显著，使到达较远一侧耳朵的声波比近一侧耳朵的声波要弱，

这就存在一个压力差，这一现象在人的声源定位机能中起着重要的作用。研究表明：在声波频率较低时，混响强度差很小，声音定位依赖混响时间差；当声波的频率较高时，混响强度差在声音定位中起作用。但进一步研究表明，该理论不能解释所有类型的声音定位，即使双耳的声音中包含时间相位及强度信息，仍会使听者感觉到在头内而不是在身外。1974 年，Shaw 的研究表明，大脑就是依靠耳郭加在入耳的压力波上的独特的"耳印"来获取空间信息的。每个耳朵有一个耳洞，但并不是简单的洞，声音在外耳上反射进入内耳，因此声音在听者的面部、肩部和外耳上发生反跳，并改变了声音的频谱。每当声音传播到身体的头部、躯干、外耳郭三个部位时，就会发生散射现象，而且左右耳产生的波谱分布不同，当进入的声波与外耳或耳郭产生交互作用时，会发生与方向有关的滤波作用，这将对定位有重要的影响。

② 头相关转移函数　声音相对听者的位置会在两耳上产生两种不同的频谱分布，靠得近的耳朵通常感受到的强度相对大一些。通过测量外界声音及鼓膜上声音的频谱差异，获得了声音在耳附近的频谱波形，随后利用这些数据对声波与人耳的交互方式进行编码，得出相关的一组转移函数，并确定出双耳信号传播延迟的特点，以此对声源进行定位，这种声音在双耳中产生的频段和频率的差异就是第二条定位线索。通常在 VR 系统中，当无回声的信号由这组转移函数处理后，再通过与声源缠绕在一起的滤波器驱动一组耳机，就可以在传统的耳机上形成有真实感的三维声音。

理论上，这些转移函数因人而异，因为每个人的头、耳的大小和形状各不相同，但这些函数通常是从一群人中获得的，因而它只是一组平均特征值，而且由于头的形状也要与耳郭本身的行为作用，因此，转移函数是与头相关的，故称为头相关转移函数（head-related transfer function，HRTF）。事实上，HRTF 的主要影响因素是耳郭，但除耳郭外还受头部的衍射和反射、肩膀的反射及躯干的反射等多方面因素的影响。

举例来说，在虚拟世界中的一台正播放音乐的录音机，它的虚拟位置应该是不变的，只是和用户的相对位置会改变。但如果不考虑这一相对变化引起的传递函数变化，录音机就可能在虚拟世界中动起来，这样的声音效果不仅不能增强沉浸感，反而会造成莫名其妙的感觉。反之，头部位置固定而声音源发生移动，听到的声音也应随之变化，从而真正地实现三维声音定位。

（4）语音合成与识别技术

语音是人类最自然的交流方式。与虚拟世界进行语音交互是 VR 系统中的一个高级目标——语音技术，其在 VR 系统中的关键技术是语音识别技术和语音合成技术，目前此技术还很不成熟。和语音识别相比，语音合成技术要成熟一些。

语音识别（automatic speech recognition，ASR）技术是指将人说话的语音信号转换为可由计算机程序识别的文字信息，从而识别出说话人的语音指令以及文字内容的技术。语音识别一般包括参数提取、参考模式建立、模式识别等过程。当通过一个话筒将声音输入到系统中，系统把它转换成数据文件后，语音识别软件便开始将输入的声音样本与事先储存好的声音样本进行对比，声音对比工作完成之后，系统就会输入一个它认为最"像"的声音样本序号，由此可以知道输入者刚才念的声音是什么意义，进而执行此命令。

语音合成（text to speech，TTS）技术是指将文本信息转变为语音数据，以语音的方式播放出来的技术。在语音合成技术中，首先对文本进行分析，再对它进行韵律建模，然后从原始语音库中取出相应的语音基元，利用特定的语音合成技术对语音基元进行韵律特性的调整和修改，最终合成出符合要求的语音。

在 VR 系统中，采用语音合成技术可提高沉浸效果，当试验者戴上一个低分辨率的 HMD 后，主要是从显示中获取图像信息，而几乎不能从显示中获取文字信息。这时通过语音合成技术用声音读出必要的命令及文字信息，就可以弥补视觉信息的不足。在 VR 系统中，如果将语音合成技术与语音识别技术结合起来，就可以使使用者与计算机所创建的虚拟环境进行简单的语音交流了。当使用者的双手正忙于执行其他任务，这个语音交流的功能就显得重要了。因此，这种技术在 VR 环境中具有突出的应用价值。

1.5.5 自然交互与传感技术

在 VR 技术中，我们强调自然交互性，即人处在虚拟世界中，与虚拟世界进行交互，甚至意识不到计算机的存在，即在计算机系统提供的虚拟空间中，人可以使用眼睛、耳朵、皮肤、手势和语音等各种方式直接与之发生交互，这就是虚拟环境下的自然交互技术。目前，与 VR 技术中的其他技术相比，这种自然交互技术相对还不太成熟。在最近几年的研究中，为了提高人在虚拟环境中的自然交互程度，研究人员一方面在不断改进现有自然交互硬件的同时，加强了对相应软件的研究，另一方面是将其他相关领域的技术成果引入到 VR 系统中，从而扩展全新的人机交互方式。在 VR 领域中较为常用的交互技术主要有手势识别、面部表情的识别以及眼动跟踪等。

人与人之间交互的形式很多，有动作及语言等多种。在语言方面，除了采用自然语言（口语、书面语言等）外，人体语言（表情、手势等）也是人类交互的基本方式之一。与人类交互相比，人机交互就呆板得多，因而研究人体语言理解，即人体语言的感知及人体语言与自然语言的信息融合，对于提高 VR 技术的交互性有重要的意义。手势是一种较为简单、方便的交互方式，也是人体语言的一个非常重要的组成部分，它是包含信息量最多的一种人体语言，它与口语及书面语言等自然语言的表达能力相同，因而在人机交互方面，手势完全可以作为一种交互形式，而且具有很强的视觉效果，因为它生动、形象、直观。

手势识别系统根据输入设备的不同，主要分为基于数据手套和基于视觉（图像）的手势识别系统。基于数据手套的手势识别系统，就是利用数据手套和空间位置跟踪定位设备来捕捉手势在空间运动的轨迹和时序信息，对较为复杂的手势动作进行检测，包括手的位置，虽然目前已研制出了一些这样的触摸和力量反馈产品，但它们大多还是粗糙的、实验性的，离真正的实用尚有一定的距离。

1.5.6 碰撞检测技术

在虚拟世界中，由于用户与虚拟世界的交互及虚拟世界中物体的相互运动，物体之间经常出现相碰的情况。为了保证虚拟世界的真实性，就需要 VR 系统能够及时检测出这些碰撞，产生相应的碰撞反应，并及时更新场景输出，否则就会发生穿透现象。正是有了碰撞检测，可以避免诸如人穿墙而过等不真实情况的发生，从而不影响虚拟世界的真实感。在虚拟世界中关于碰撞，首先要检测到碰撞的发生及发生碰撞的位置，其次是计算出发生碰撞后的反应，所以碰撞检测是 VR 系统中不可缺少的部分。

在虚拟世界中通常有大量的物体，并且这些物体的形状复杂，要检测这些物体之间的碰撞是一个十分复杂的事情，检测工作量较大；同时由于 VR 系统中有较高实时性的要求，要求碰撞检测必须在很短的时间（如 30 ～ 50 ms）完成，因而碰撞检测成了 VR 系统与其他实时仿真系统的技术瓶颈。碰撞检测是 VR 系统研究的一个重要技术。

（1）碰撞检测的要求

为了保证虚拟世界的真实性，碰撞检测必须有较高的实时性和精确性。所谓实时性，基于视觉显示的要求，碰撞检测的速度一般至少要达到 24 次 /s，而基于触觉要求，碰撞检测的速度至少要达到 300 次 /s 才能维持触觉交互系统的稳定性，只有达到 1000 次 /s 才能获得平滑的效果。而精确性的要求则取决于 VR 系统在实际应用中的要求，比如对于小区漫游系统，只要近似模拟碰撞情况，此时，若两个物体之间的距离比较近，不管是否实际有没有发生碰撞，都可以将其当作是发生了碰撞，并粗略计算发生碰撞的位置。而对于如虚拟手术仿真、虚拟装配等系统的应用，就必须精确地检测碰撞是否发生，并实时计算出碰撞发生的位置，并产生出相应的反应。

（2）碰撞检测的实现方法

由于物体本身的模型可能很复杂，直接采用物体的原模型来检测两个物体的碰撞，计算量必然过大。对两物体间的精确碰撞检测的加速实现，现有的碰撞检测算法主要划分为两大类：层次包围盒法和空间分解法。

层次包围盒法的基本思想是利用体积略大而几何特性简单的包围盒将复杂几何对象包裹起来，在进行碰撞检测时，首先进行包围盒之间的相交测试，只有包围盒相交时，才对其所包裹的对象做进一步求交计算。在构造碰撞体的包围盒时，若引入树状层次结构可快速剔除不发生碰撞的元素，减少大量不必要的相交测试，从而提高碰撞检测效率。比较典型的包围盒类型有沿坐标轴的包围盒 AABB、包围球、方向包围盒、固定方向凸包等。层次包围盒方法应用得较为广泛，适用复杂环境中的碰撞检测。

空间分解法是将整个虚拟空间划分成相等体积的小单元格，只对占据同一单元格或相邻单元格的几何对象进行相交测试。比较典型的方法有 K-D 树、八叉树、BSP 树、四面体网、规则网等。空间分解法通常适用于稀疏的环境中分布比较均匀的几何对象间的碰撞检测。

1.6 虚拟现实技术的研究现状及发展趋势

1.6.1 虚拟现实技术的研究现状

虚拟现实技术几乎是所有发达国家都在大力研究的前沿领域，它的发展非常迅速。基于虚拟现实的研究主要有虚拟现实技术与虚拟现实应用两大类。在国外，虚拟现实技术方面研究水平较高的国家有美国、德国、日本等。在国内，浙江大学、北京航空航天大学等高校在虚拟现实方面的研究工作开展得比较早，成果也比较多。

美国是全球研究较早、研究范围较广的国家，其研究内容涉及从新概念发展（如虚拟现实的概念模型）、单项关键技术（如触觉反馈）到虚拟现实系统的实现及应用等有关虚拟现实技术的各个方面。德国主要以弗劳恩霍夫计算机图形学研究所和德国计算机技术中心为代表，主要从事虚拟世界的感知、虚拟环境的控制和显示、机器人远程控制、虚拟现实在空间领域的应用、宇航员的训练、分子结构的模拟等研究。

在亚洲，日本的虚拟现实技术研究较早，发展十分迅速，同时韩国、新加坡等国家也积极开展虚拟现实技术方面的研究工作。其中，日本主要致力于建立大规模虚拟现实知识库的研究，另外也投入很多精力在虚拟现实游戏方面进行研究。

我国的虚拟现实技术研究始于 20 世纪 90 年代，相对来说起步较晚。但近年来，随着我国政府、科研单位的高度重视，及时根据我国的实际国情制定了一系列虚拟现实技术的研究计划，例如在国家“973 计划”（国家重点基础研究发展计划）中，虚拟现实技术的发展应用已列为重中之重。在紧跟国际新技术的同时，国内一些重点院校已积极投入到了这一领域的研究工作中，并先后建立起省级和国家级虚拟仿真实验教学中心。

1.6.2 虚拟现实技术存在的主要瓶颈

当前，虽然国内外都在大力研究虚拟现实技术，但是虚拟现实技术仍然存在不少瓶颈。

① 虚拟环境表示的准确性　为使虚拟环境与客观世界相一致，人们需要对其中种类繁多、构形复杂的信息做出准确、完备的描述；同时，行业需要研究高效的建模方法，重建其演化规律以及虚拟对象之间的各种相互关系与相互作用。

② 虚拟环境感知　信息合成的真实、抽象的信息模型并不能为人们直接感知，这就需要研究虚拟环境的视觉、听觉、触觉和味觉等感知信息的合成方法，重点解决合成信息的高保真性和实时性问题，以提高沉浸感。

③ 人与虚拟环境交互的自然性　合成的感知信息实时地传递给用户，用户根据感知到的信息对虚拟环境中事件和态势做出分析和判断，并以自然方式实现与虚拟环境的交互。这就需要研究基于非精确信息的多通道人机交互模式和个性化的自然交互技术等，以提高人机交互效率。

④ 实时显示问题　尽管从理论上讲能够建立起高度逼真、实时漫游的虚拟现实效果，但至少现在实现起来比较困难。实现这样的效果需要强有力的硬件条件支撑，例如高配的图形工作站和三维图形加速卡，但目前高配的图形工作站也不能产生十分逼真、实时交互的虚拟现实效果。其根本原因是引入了用户实时交互，需要动态生成新的显示图形时，就不能达到实时要求，从而不得不降低显示效果的逼真度以减少处理时间。

⑤ 图形生成问题　图形生成是虚拟现实的重要瓶颈，虚拟现实最重要的特性是人可以在随意变化的交互控制下感受到场景的动态特性，换句话说，虚拟现实系统要求随着人的活动（位置、方向的变化）即时生成相应的图形画面。

⑥ 人工智能技术　在虚拟现实系统中，计算机是从人的各种动作、语言中获得信息，要正确理解这些信息，需要借助人工智能（artificial intelligence，AI）技术来解决，如语音识别、图像识别、自然语言理解等。这些智能接口领域的研究是虚拟现实技术的基础，同时也是虚拟现实技术的难点。

本质上，上述 6 个问题的解决可使用户身临其境地感知虚拟环境，从而达到探索、认识客观事物的目的。

1.6.3 虚拟现实技术的发展趋势

虚拟现实技术的实质是构建一种人能与之进行自由交互的世界，在这个世界中参与者可以实时地探索或移动其中的对象。沉浸式虚拟现实是理想的虚拟现实系统类型，实现方式主要是戴上头戴式显示设备、数据手套等虚拟现实设备，通过视觉、听觉、触觉等在虚拟场景中进行体验。纵观虚拟现实的发展历程，未来虚拟现实技术的研究仍将延续“低成本、高性能”原则，从软件、硬件两方面展开，发展方向主要归纳如下。

① 动态环境建模技术　建模技术是虚拟现实技术的核心内容，动态环境建模技术的目的是获取实际环境的三维数据，并根据应用的需要建立相应的虚拟环境模型。

② 实时三维图形生成和显示技术　三维图形的生成技术已比较成熟，问题的核心在于实时生成三维图形，为了达到实时的目的，至少要保证图形的刷新率不低于 15 帧 /s，最好是高于 30 帧 /s。在不降低图形的质量和复杂程度的基础上，如何提高刷新频率是虚拟现实技术重点研究的方向。

③ 立体显示和传感器技术　虚拟现实的交互能力依赖于立体显示和传感器技术的发展。现有的虚拟现实设备还远不能满足系统的需要，例如数据手套有延迟大、分辨率低、作用范围小、使用不便等缺点，虚拟现实设备的跟踪精度和跟踪范围也有待提高。

④ 新型交互设备研制　虚拟现实技术需要实现用户自由地与虚拟世界的对象进行交互，有身临其境般的感觉。实现交互的输入输出设备主要有头戴式显示设备、数据手套、数据衣服、三维位置传感器和三维声音产生器等，接下来，新型、便宜、控制性能优良的数据手套和数据衣服将成为未来研究的重要方向。

⑤ 虚拟现实应用系统开发工具　虚拟现实应用系统开发的关键点之一是根据需求寻找合适的系统开发工具，使用虚拟现实应用系统开发工具可以充分发挥人们对虚拟现实的想象力和创造力。选择适当的应用系统开发工具可以大幅度地提高生产效率、减轻劳动强度、提高产品开发质量。为了达到这一目的，需要研究新的虚拟现实应用系统开发工具。

⑥ 分布式虚拟现实技术　分布式虚拟现实技术是今后虚拟现实技术发展的重要方向。它将分散的虚拟现实系统通过网络联结起来，采用协调一致的结构、标准、协议和数据库，形成一个在时间和空间上互相耦合的虚拟合成环境，参与者可自由地进行交互。随着众多分布式虚拟环境（distributed virtual environment，DVE）开发工具及其系统的出现，分布式虚拟现实技术应用已经渗透到各行各业，包括医疗、游戏、训练与教学以及协同设计。近年来，一些面向网络的分布式虚拟现实技术的应用，使得位于世界各地的多个用户可以进行协同工作。

1.7 增强现实

增强现实（augmented reality，AR）是基于虚拟现实技术发展起来的，它是通过计算机图形技术和可视化技术产生现实环境中不存在的虚拟对象，并通过传感技术将虚拟对象准确“放置”在真实环境中，环境和虚拟对象实时叠加到同一个画面或在一个空间同时存在。增强现实技术包含了多媒体、三维建模、实时显示、多传感器融合、实时跟踪、场景融合等多种新技术，提供了在一般情况下人们不可感知的信息。增强现实不仅展现了真实世界的信息，而且将虚拟的信息同时显示出来，两种信息相互补充、叠加。在现在比较普及的视觉化增强现实中，用户利用头戴式显示设备，把真实世界与电脑图形重合在一起，实现增强现实的效果。增强现实技术是当今全新的人机交互技术，具备虚实结合、实时互动、三维注册的技术特点，让参与者与虚拟对象的实时互动成为可能，从而获得一种神奇的视觉体验，为用户呈现出一个梦幻与现实结合的三维奇境。

1.7.1 增强现实技术的特征

VR 技术能够通过计算机给人营造多种逼真的虚拟环境，而 AR 则是在 VR 基础上发展起来的技术，通过计算机生成的物体、场景，累积、叠加到真实场景中，从而达到感知效果上的增强。从国内当前 AR 技术的发展来看，虽然相对国外起步较晚，但是很多研究机构，尤其是高校，在 AR 的一些算法与设计技术上已有建树，例如摄像机校准算法以及虚拟物体注册算法等，这些算法的深入研究能够帮助解决 AR 中遮挡、显示器设计等方面的问题，提升 AR 的实际应用效果。

（1）真实世界和虚拟世界的信息集成

除了看清楚现实的世界，还可以亲身体验虚拟的世界，这就是增强现实技术带来的冲击效果之一。它是一种全新的人机交互技术，利用摄像头、传感器、实时计算和匹配技术，将真实的环境和虚拟的物体实时地叠加到同一个画面，或两者在一个空间同时存在。用户可以感受到在客观物理世界中所经历的身临其境的体验，还能突破空间、时间以及其他客观限制，感受在真实世界中无法亲身经历的体验。

（2）在三维尺度空间中定位增添虚拟物体

通过识别现实空间的三维结构，并将虚拟物体融入其中，可以实现动态的、大规模的增强现实效果。比如，即使 AR 图像是一个巨大的虚拟图像，且该图像超过了设备屏幕的尺寸，增强现实技术也能够让使用者通过移动相关设备捕捉到虚拟图像的全貌，虚拟物体就像在现实的三维空间中真实存在一样。

实现三维空间识别技术的基础是利用移动摄像头产生的视差，对空间的形状和摄像头位置及姿势进行判断。该技术与物体识别技术相结合，可以识别三维空间的结构并记忆。

（3）具有实时交互性

通过直接触控显示在智能手机等终端设备屏幕上的虚拟对象（或通过其他方式操控三维的虚拟对象），使用者可以实时、直观地获取相关信息并进行交互操作。

1.7.2 增强现实系统的分类

增强现实系统涉及显示技术、跟踪和定位技术、界面和可视化技术、标定技术等。跟踪和定位技术、标定技术共同完成对位置与方位的检测，并将数据报告给增强现实系统，实现被跟踪对象在真实世界里的坐标与虚拟世界中的坐标统一，达到让虚拟物体与用户环境无缝结合的目标。生成准确的定位，增强现实系统需要进行大量的标定，测量值包括摄像机参数、视域范围、传感器偏移、对象定位以及变形等。

一套完整的增强现实系统是由一组紧密联结、实时工作的硬件部件与相关的软件系统协同工作的，常用的有如下 3 种类型。

（1）基于显示器的增强现实系统（monitor-based）

在基于显示器（包括计算机显示器、手机和 Pad 屏幕等）的增强现实系统实现方案中，摄像机摄取的真实世界图像输入到计算机中，与计算机图形系统产生的虚拟景象合成，并输出到屏幕，用户从屏幕上看到最终的增强现实场景。基于显示器的增强现实系统属于“有框”的增强现实系统，不能给用户带来完全的沉浸感，但它却是一套最简单的增强现实系统实现方案。由于该方案的硬件要求很低，因此被增强现实系统大量采用。

（2）基于视频合成技术的穿透式头盔显示器系统（video see-through HMD）和基于光学原理的穿透式头盔显示器系统（optical see-through HMD）

头盔显示器（head-mounted displays，HMO）也称头戴式显示器，被广泛应用于虚拟现实系统中，用以增强用户的视觉沉浸感。增强现实技术的研究者也采用了类似的显示技术，这就是在增强现实中广泛应用的穿透式头盔显示器。穿透式头盔显示器通常属于“无框”的增强现实系统，能给用户带来完全的沉浸感。

穿透式头盔显示器根据具体实现原理又划分为两大类，分别是基于视频合成技术的穿透式 HMD 和基于光学原理的穿透式 HMD。

在上述两类增强现实系统实现方案中，有两个输入信息的通道，一个是由计算机产生的虚拟信息通道，一个是来自于摄像机的真实场景通道。在基于光学原理的穿透式头盔显示器系统实现方案中，真实世界场景的图像经过一定的减光处理后，直接进入人眼，虚拟通道的信息经投影反射后再进入人眼，两者以光学的方法进行合成。基于光学原理的穿透式头盔显示器系统具有结构简单、分辨率高、没有视觉偏差等优点，但同时也存在着定位精度要求高、延迟匹配难、视野相对较窄和价格高等不足。

3 种增强现实系统的技术实现策略在性能上各有利弊。基于显示器的增强现实系统和基于视频合成技术的穿透式头盔显示器系统在增强现实实现过程中，都是由摄像机来获取真实场景的图像，在计算机中完成虚实图像的结合并输出，整个过程不可避免地存在一定的系统延迟。但由于用户的视觉完全在计算机的控制之下，这种系统延迟可以通过计算机内部虚实两个通道的协调配合来进行补偿。基于光学原理的穿透式头盔显示器系统在增强现实实现过程中，真实场景的视频图像传送是实时的，不受计算机控制，因此不可能用控制视频显示速率的办法来补偿系统延迟。

1.7.3 增强现实的硬件概览

增强现实硬件发展的动力源于计算机处理器、显示技术、传感器、移动网络速率、电池续航等多个领域的技术进步。目前能够确定的 AR 硬件类型主要有以下几种。

（1）手持设备

作为手持设备的代表，目前智能手机（包括 Pad）变得越来越好——显示器分辨率越来越高，处理器性能越来越强，相机成像质量越来越好，传感器越来越多且性能优秀，这些变化让智能手机成为天然的 AR 平台。尽管手持设备是用户接触 AR 应用最为方便的形式，但由于大部分手持设备不具备穿戴功能，因此用户无法获得双手解放的 AR 体验。

（2）固定式 AR 系统

固定式 AR 系统适用于固定场所中需要更大显示屏或更高分辨率的场景。与移动式 AR 系统不同，固定式 AR 系统一般搭载更加先进的相机系统，因为只有更加精确地识别人物和场景，显示单元才能呈现出更加真实的画面。固定式 AR 系统的典型应用是虚拟试衣镜，在商场里一件一件试穿新衣，烦琐且浪费时间。虚拟试衣镜的作用是，当购物者站在屏幕前，选择自己想试穿的服装，虚拟试衣镜会将试穿后的三维图像展现出来，购物者不需要移动就可以随时更换服装款式，虚拟试衣镜会立刻将更换后的图像展现出来。

（3）头戴式显示器

头戴式显示器是另一种快速发展的 AR 硬件类型，由一个头戴装置（如头盔）以及其上搭载的一块或多块微型显示屏组成，其可将现实世界和虚拟物体的画面叠加显示在用户视野中。系统搭载具有很高自由度的传感器，用户可以在前后、上下、左右等不同方向自由移动和偏转头部，并根据用户头部移动和偏转做出相应的画面调整，实现虚拟世界与现实世界的结合。

目前，头戴式显示器的典型代表是微软的 HoloLens[微软定义 HoloLens 为混合现实（MR）设备]，它属于基于光学原理的穿透式头盔显示器系统。HoloLens 全息眼镜是融合 CPU、GPU 和全息处理器的特殊眼镜，是微软首个不受线缆限制的全息计算机设备，能让用户与数字内容交互，并与周围真实环境中的全息影像互动。用户可以通过 HoloLens，以周围实际环境作为载体，在图像上添加各种虚拟信息，无论是玩 Minecraft 游戏、模拟登陆火星，还是收看视频或查看天气，都可以通过 HoloLens 实现。HoloLens 眼镜会追踪用户的移动和视线，进而生成适当的虚拟对象通过光线投射到用户的眼中。由于 HoloLens 眼镜知道用户的方位，用户可以通过手势（目前支持的手势有限）与虚拟对象交互。

（4）智能眼镜

智能眼镜是指像智能手机一样，具有独立的操作系统，可以由用户安装应用、游戏等软件服务商提供的程序，可通过语音或动作操控完成日程添加、地图导航、与好友互动、拍摄照片和视频、与朋友视频通话等功能，并可以通过移动通信网络实现无线网络接入的这样一类眼镜的总称。这些智能眼镜实际上是带有屏幕、相机和话筒的 AR 设备，用户的现实世界视角被 AR 设备截取，增强后的画面重新显示在用户视野中。目前智能眼镜的代表有 Google Glass、SmartEyeglass 等。

1.7.4 增强现实技术的实际应用

20 世纪 90 年代以前，AR 的概念还比较模糊，90 年代是 AR 技术迅速发展的时期。作为新型的人机接口和仿真工具，AR 技术受到的关注日益广泛，并且已经发挥了重要作用，显示出了巨大的潜力。AR 技术是充分发挥创造力的科学技术，为人类的智能扩展提供了强有力的手段，对生产方式和社会生活产生了巨大、深远的影响。

AR 技术不仅在与 VR 技术类似的应用领域有广泛的应用，而且由于其具有能够对真实环境进行增强显示输出的特性，在诸如显示技术、电池续航能力、物体识别技术等问题得到进一步优化之后，增强现实技术将很可能遍及人们生活的各个角落。AR 技术可能应用到几乎所有领域中，包括军事、医疗、汽车、工业维修、市政规划、娱乐游戏、电视转播、旅游展览、文化古迹等领域。

军事领域：部队利用 AR 技术，可以进行方位的识别，获得目前所在地点的地理数据等重要军事数据。

医疗领域：医生利用 AR 技术，可以容易地进行手术部位的精确定位。

汽车领域：车主拿起手机或平板电脑对准汽车，通过 AR 技术就能够自动识别这是车子的哪一部分，并给出相关的信息。

工业维修领域：通过头盔显示器将多种辅助信息显示给用户，包括虚拟仪表的面板、被维修设备的内部结构、被维修设备零件图等。

市政规划领域：采用 AR 技术将规划效果叠加到真实场景中以直接获得规划的效果。

娱乐游戏领域：AR 游戏可以让位于全球不同地点的玩家，共同进入一个真实的自然场景，以虚拟替身的形式进行网络对战。

电视转播领域：通过 AR 技术可以在转播体育比赛的时候实时将辅助信息叠加到画面中，使观众可以得到更多的信息。

旅游展览领域：人们在浏览、参观的同时，通过 AR 技术可接收到建筑的相关资料、展品的相关数据资料等。

文化古迹领域：文化古迹的信息以 AR 方式提供给参观者，用户不仅可以通过头盔显示器看到古迹的文字解说，还能看到遗址上残缺部分的虚拟重构。

AR 技术有数百种可能的应用，可以给人们提供即时信息，它可以立即识别出人们看到的事物，并且检索和显示与该事物相关的数据。

实践案例 Pokémon GO

Pokémon GO 是由任天堂、Pokémon 公司和 Niantic Labs 公司联手制作开发的现实增强宠物养成对战类 RPG 手游，可运行在 Android 和 iOS 平台。

这款游戏玩法很简单，玩家可以通过智能手机在现实中发现精灵，进行抓捕和战斗。精灵可以用来交换，而玩家作为精灵训练师，抓到的精灵越多玩家就会变得越强，逐步积累，从而抓到更加强大稀有的精灵。

这款游戏的巨大成功让世界看到了 AR 技术巨大的潜力。

实践案例 甘肃省博物馆

借助增强现实技术，旅游品牌可以为潜在的游客提供身临其境的体验。通过 AR 解决方案，代理商和目的地可以为访客提供更多的信息和路标指示。AR 应用程序可以帮助度假者浏览度假村并了解目的地。

甘肃省博物馆将 AR 互动技术引入展览。观众用手机摄像头识别文物时，文物可以进一步呈现“活态”，如仰韶文化彩陶盆上的鱼纹可以“游动”，带给人们更好的观展体验。

此外，AR 技术在旅游业还有一个有趣的用途。荷兰皇家航空和英国 easyJet 航空都通过 AR 技术让旅客检测行李箱大小以确定行李箱是否可以登机。easyJet 的 AR 功能基于苹果公司的 ARKit 2，通过预设一个符合等级规格的立方体网格进行对比，用户通过 AR 技术让行李箱与网格重合，便可以确认行李箱尺寸，进一步确认行李箱是否可以登机。

实践案例 AR 卡和 AR 书籍

AR 卡是 AR 技术最简单的一种应用形式，就是通过先进的 AR 技术让平面图片或卡片上的角色“立体动起来”。用户只需要下载相应的专用软件，使用移动设备扫描 AR 卡上的 FM 码，即可出现角色的立体图像。AR 书籍可以说是 AR 卡的升级，卡牌之间没有联系，扫描卡牌出现的内容也比较单调，而书籍所包含的内容就很丰富，比如一段奇妙的旅程，一个精彩的过程。

① AR 技术可将抽象、复杂的内容可视化、形象化。AR 的 3D 可视化展示可以加深学生的学习体验，效果更直观。AR 技术可全面呈现所要学习的知识，这对于学生来讲沉浸感更强，代入感也更加深刻。

② AR 技术可在各种环境下进行情景式学习模拟，这一点正是依附于 AR 技术的原理——移动的 AR 系统基于真实环境下的虚拟物体。

③ 可提升学生的沉浸感、专注度。AR 技术的沉浸式媒体教学能够给学生带来一种身临其境的感觉，学生学习时会更加专注。

VR/AR 技术给教育领域注入了一股新活力，从基础教育到职业教育和高等教育，从课堂教学到安全教育培训，教育领域对专业性要求很高，虚拟现实情景交融的技术手段为教学增添了很多活力。虚拟现实的特点是交互性和沉浸感，这能够为学生提供更丰富的学习体验，大大提升了学生的学习积极性和学习效果。

1.8 VR 和 AR 的区别

从特征来看，VR 与 AR 的共性至少有两点，即“3D”与“交互”，缺乏其中任何一点，都不能称为真正的 VR 或 AR。但由于 VR 与 AR 所使用的构建 3D 场景的技术及场景展现设备不同，带给用户的体验差别较大，所以二者走向了不同的应用方向。

尽管 VR 和 AR 都涉及虚拟成像，但两者技术实现方面存在本质区别。

（1）视觉呈现方式区别

VR：阻断人眼与现实世界的连接，通过设备实时渲染画面，营造一个全新的世界，用户看到的场景、人物等全是假的。VR 是把用户的意识带入一个虚拟的世界，把用户放在虚拟的环境里。

AR：在人眼与现实世界连接的情况下叠加虚拟事物，比如真实的桌面上浮现的视频聊天窗口，把虚拟物体放在用户周围，加强视觉呈现的效果，用户看到的场景和人物一部分是真的，一部分是假的。AR 是把虚拟的信息带入到现实世界中。

（2）交互设备区别

VR 设备：因为 VR 是纯虚拟场景，所以 VR 设备更多地用于用户与虚拟场景进行交互，主要设备有位置跟踪器、数据手套、动作捕捉系统、数据头盔等。

AR 设备：因为 AR 是现实场景和虚拟场景的结合，所以 AR 设备基本都包含摄像机，在摄像机拍摄的画面基础上叠加虚拟信息进行展示和互动，主要是通过摄像机进行交互。

（3）成像设备区别

VR 成像设备：由于 VR 是阻断人眼与现实世界的连接进而虚拟成像的，在体验 VR 时必须佩戴 VR 眼镜，通过 VR 眼镜进行成像，因此对终端成像设备要求较为严格。

AR 成像设备：目前 AR 的成像设备主要有微软 HoloLens，另外如 Pad、智能手机这些带摄像头的智能产品都可以用于 AR 成像，只要装 AR 软件即可。由于 AR 技术对于终端设备的适用范围更广，要求不高，所以在体验 AR 时，可以只通过智能手机就可以实现，不是必须要戴上 AR 眼镜。

头盔显示器或其他设备把参与者的视觉、听觉和其他感觉封闭起来，提供一个新的、虚拟的感觉空间，并利用位置跟踪器、数据手套、其他手控输入设备、声音等使参与者产生一种身临其境、全心投入和沉浸其中的感觉。沉浸式虚拟现实系统能支持多种输入 / 输出设备，通过提供“真实”的体验和丰富的交互方式来达到高度的沉浸感和实时性。

常见的沉浸式虚拟现实系统有基于头盔显示器的系统、投影式虚拟现实系统。

1.9 关注元宇宙

1.9.1 元宇宙的元年

2020、2021 两年内，大家肯定感觉到沉耽于数字世界的时间加长了，在线购物、在线刷短视频、在线玩虚拟游戏、在线搞社交、线上开会、线上协同搞设计、线上授课学习……虽然“沉耽”这个词带有贬义，但是沉耽也好，沉溺也罢，这就是我们生活方式的变化，而且是未来的趋势。我们在数字世界和现实世界之间来回穿梭，越来越离不开虚拟的数字世界，它正逐渐成为我们现实世界的镜像。未来，人们的娱乐、生活、工作数字化会持续，千行百业的企业级数字化亦刚刚拉开帷幕。

加速社会虚拟化：新冠疫情下，全社会上网时长大幅增长，“宅经济”快速发展。线上生活由原先短时期的例外状态成为常态，由现实世界的补充变成了与现实世界平行的世界。数字化促进经济发展方面，在当前移动互联网红利逐渐消退的背景下，寻找继广播电视、PC 互联网、移动互联网之后的新时代交互载体进行布局，有望开启新一轮传媒互联网的红利阶段。

认知改变：虚拟的并不是虚假的，更不是无关紧要的，人们对于赛博空间的看法正在转向正向。

生活迁移：线上与线下打通，人类的现实生活开始大规模向虚拟世界迁移，人类成为现实与数字的“两栖”物种。

在这时候一个新词“元宇宙”诞生了，并持续冲上热搜，预示了未来的方向。2021 年，元宇宙成为市场关注的焦点，被认为是下一代互联网交互形式的革命（见图 1-5）。巨头争相入局，旨在占得下一代互联网行业先机。

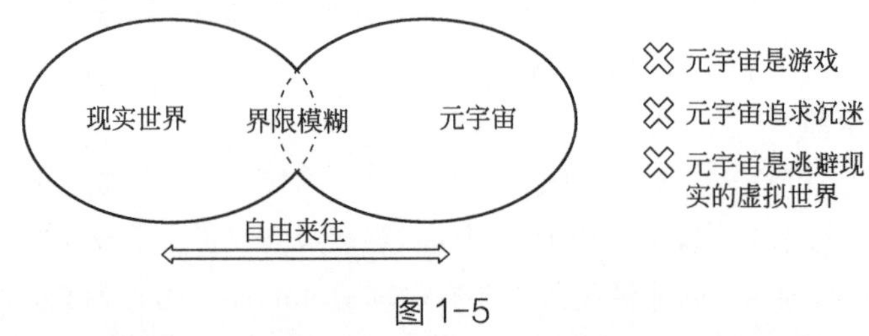

图 1-5

1.9.2 元宇宙的概念及历史由来

元宇宙（metaverse）是一个平行于现实世界又独立于现实世界的虚拟空间，是映射现实世界的在线虚拟世界，是越来越真实的数字虚拟世界。元宇宙是整合多种新技术而产生的新型虚实相融的互联网应用和社会形态，它基于扩展现实技术提供沉浸式体验，基于数字孪生技术生成现实世界的镜像，基于区块链技术搭建经济体系，将虚拟世界与现实世界在经济系统、社交系统、身份系统上密切融合，并且允许每个用户进行内容生产和世界编辑（图 1-6）。

元宇宙是未来人类的数字化生存空间，将重塑数字经济体系。元宇宙不只是 VR/AR 和全真互联网，更是 2040 年之后人类的生活方式。回望过去 20 年，互联网已经深刻改变人们的日常生活和经济结构；展望未来 20 年，元宇宙将更加深远地影响人类社会，重塑数字经济体系。元宇宙连通现实世界和虚拟世界，是人类数字化生存迁移的载体，要提升体验和效率，延展人的创造力并提供更多可能。一方面数字世界从物理世界的复刻、模拟，逐渐变为物理世界的延伸和拓展，而另一方面，数字资产的生产和消费、数字孪生的推演和优化，亦将显著反作用于物理世界，最终模糊虚拟世界和现实世界的界限，是人类未来生活方式改变的重要方向。

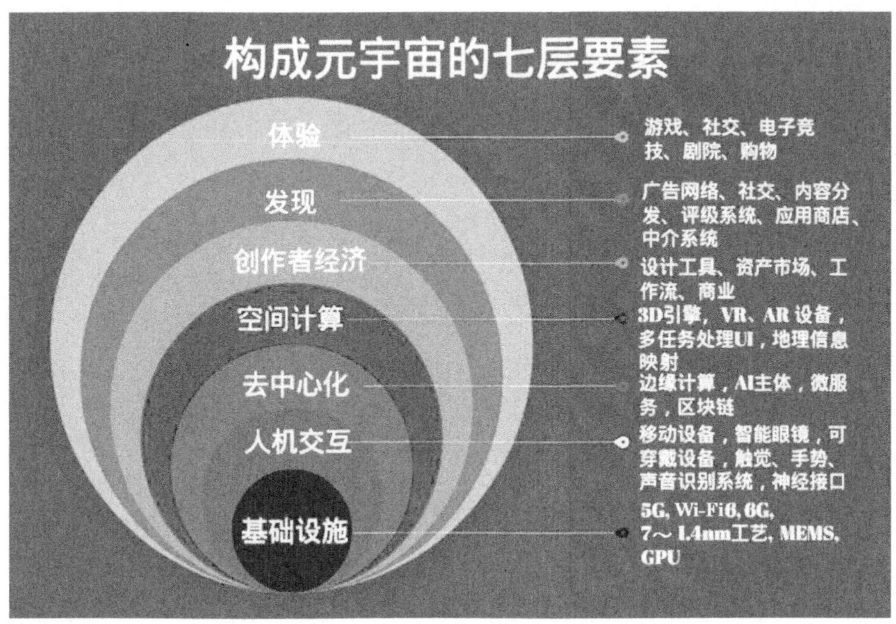

图 1-6

元宇宙（metaverse）最早来源于科幻小说，书中定义了一个平行于现实世界的虚拟世界。科幻作家尼尔·斯蒂芬森在 1992 年的小说《雪崩》中首次提出元宇宙的概念。后来的《黑客帝国》《刀剑神域》《头号玩家》等影视作品中也拥有类似元宇宙的概念。从字面来看，元宇宙（metaverse）由 meta（超越）和 universe（宇宙）两部分组成，即通过技术在现实世界基础上搭建一个平行且持久存在的虚拟世界，现实中的人化身数字形式进入虚拟时空中生活，同时虚拟世界中还拥有完整运行的社会和经济系统。目前互联网产业对于元宇宙概念已经有了共识，基于现实世界的虚拟空间成为元宇宙的核心，元宇宙在此基础上仍有更高要求。总结当前产业人士对于元宇宙的理解，元宇宙是一个在现实世界基础上的持久稳定的实时虚拟空间，拥有大规模的参与者，在虚拟空间中可以完成现实世界的几乎所有行为，拥有公平的闭环经济系统，同时用户通过内容生产可以不断丰富和拓宽虚拟空间边际。

接下来，元宇宙将进入雏形探索期，VR/AR、NFT、AI、云、PUGC 游戏平台、数字人、数字孪生城市等领域渐进式技术突破和商业模式创新将层出不穷。中长期看，元宇宙的投资机会包括 GPU、3D 图形引擎、云计算和 IDC、高速无线通信、互联网和游戏公司平台、数字孪生城市、产业元宇宙、太阳能等可持续能源等。

1.9.3 元宇宙的技术与核心

我们将元宇宙的“科技—应用”发展正循环分为 6 层架构：底层硬科技（核心）、硬件计算平台、系统、软件、应用以及让整个元宇宙生态运作起来的经济系统。

对于元宇宙的核心要素，目前市场上并没有形成统一的观点，但是也从中发现了一些共性。根据 Roblox 的 CEO 所提出的元宇宙必要的八大要素，以及腾讯研究院给出的虚拟世界架构的七大特征，我们认为，元宇宙的理想形态即一个拥有极致沉浸体验、繁荣的生态、超时空的社交体系、虚实交互的经济系统，能映射现实人类社会文明的超大型数字社区。总结元宇宙应具有如下核心要素。

① 沉浸式体验：元宇宙应具备对现实世界的替代性。在虚实结合大趋势下，信息终端沿着高频交互、拟真两条路线发展，基于 VR 和 AR 之上的 XR 设备在拟真度上的突破将给沉浸式体验带来质的提升。

② 内容丰富性：开放自由创作、持续产生内容。元宇宙要想作为用户长期生活的虚拟空间，必须发展内容工具和生态，开放第三方接口，降低创作门槛，形成自我进化机制。

③ 社交性：元宇宙能突破物理时空的局限性，不仅形成对线下关系的替代，基于对虚拟环境和存在的认同，还将对主流的社交模式产生重大变革。

④ 经济体系：拥有独立的经济属性，任何人都可以进行创造、交易，并能“工作而获得回报”，形成与现实生活类似的经济文化繁荣状况。

1.9.4 元宇宙与 VR（虚拟现实）、AR（增强现实）、MR（融合现实）、AI 等的关系

游戏引擎是元宇宙打造高沉浸感和拟真度的虚拟世界的必需能力。元宇宙作为超大规模实时交互的超级数字场景，应对其高度拟真和丰富信息量的特性需要多种能力，并且这种能力需要以高效率、工具化的形式提供给开发者和内容创作者，因此游戏引擎产生，并在发展中不断突破次世代技术，实现更加拟真的效果。目前游戏行业内常用的虚幻 4 和 Unity 3D 引擎已经实现 PBR 物理光照模型、SSS 材质、GPU 粒子等高级功能，但是游戏引擎仍在向着更强大、更易用的方向发展。未来，随着引擎能力的持续升级，更强大的拟真表现力和更加易用的引擎将有望催化元宇宙的加速发展。

一般来说，元宇宙是指以 AR/VR/MR、AI、Blockchain 三大技术为核心，由诸多共享基础设施、标准和协议打造的数字化宇宙。它跟物理世界并非割裂彼此孤立，而是相融相通。

在三大核心技术中，AI 能让元宇宙自生长，提供大规模、永续性、自生长内容。随着算法不断进化，如 Deep Learning（深度学习）、Reinforcement Learning（强化学习），未来一定会实现内容有序自生长。

- VR 提供沉浸式体验，通过全面接管人类的视觉、听觉、触觉以及动作捕捉来实现元宇宙中的信息输入 / 输出。
- AR 是在保留现实世界的基础上叠加了一层虚拟信息。
- MR 通过向视网膜投射光场，可以实现虚拟与真实之间的部分保留与自由切换。
- 机器人作为实体的仿真，成为连通元宇宙的另一种渠道。
- 脑机接口技术的应用正在成为科技巨头争夺的焦点，目前主要应用于医学领域，一般而言，脑机接口主要应用在医疗康复领域。除此之外，脑机接口也被视为新一代游戏交互的主要入口，换句话说，脑机接口直接跳过了物理硬件载体，进入人机共生时代。

按照 NVIDIA CEO 的说法，未来的元宇宙、数字世界或虚拟世界将比物理世界大数千倍，工厂和建筑都将有一个数字孪生体模拟和跟踪它们的实体。数字孪生即在虚拟空间内建立真实事物的动态孪生体，通过传感器，本体的运行状态及外部环境数据均可实时映射到孪生体

上。该技术最初用于工业制造领域，而元宇宙需要数字孪生来构建细节极致丰富的拟真环境，营造出沉浸式的在场体验。

所以元宇宙的范畴要比 XR(VR、AR、MR 统称) 大得多，XR 是进入元宇宙的入口之一。

1.9.5 元宇宙与我们未来的生活

未来，元宇宙与现实的边界有望不断被淡化，它能够为用户提供的社交体验的核心在于游戏引擎带来的高沉浸感的社交体验和丰富的线上社交场景，同时虚拟化的身份能够扫清物理距离、社会地位等因素造成的社交障碍，并且给予用户更强的代入感。

随着技术水平提升，未来内容的沉浸式体验有望进一步升级。现阶段，内容展现形式以图文、音视频为主。随着 VR/AR/MR 等技术的发展，内容的展现形式将会进一步升级，在元宇宙中用户可以获得极致沉浸式的内容体验，如 VR 看剧、沉浸式线上剧本杀等。相比传统视频，元宇宙下的内容以更真实、深入的方式呈现。

①影视方面内容或以 AR/VR 互动剧的形式呈现，增加用户的体验感；结合多人的社交互动模式，打造成沉浸式线上剧本杀；通过人工智能实现真正意义上的开放式剧情，打造多重分支，并根据用户选择匹配相应剧情等。

②音乐方面可以实现音乐结合沉浸式 MV 体验。

元宇宙时代下，用户的消费体验或将迎来新的一波交互体验的升级，在 AR、VR 等技术的带动下，更加沉浸式的消费或将成为常态。

第1章思考练习题与答案

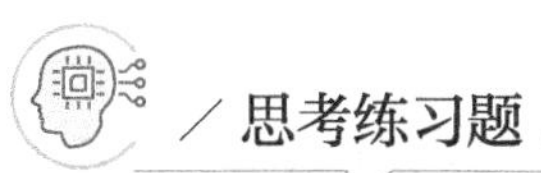

思考练习题

1. 请简述虚拟现实的基本概念。
2. 写出你对 VR 的理解及 VR 在生活中的作用，对 Unity 3D 软件理解最深入的地方。
3. 请简述虚拟现实涉及的关键技术。

第2章 Unity 3D软件界面介绍

本章素质技能目标

本章内容虽少，但见微而知著，通过一个基础小项目的创建、设置，以及后续的制作过程来熟悉软件的界面、常见工作面板，并能根据需要调整软件界面布局，进一步掌握 Unity 3D 组件式开发的概念，感受这种开发方式的强大之处及其灵活性。在此过程中养成完整规划一件事情的能力、计划管理的能力和细致的工作态度与工作作风。组件式开发讲求分工协作，符合全球化工业生产、软件开发及当代社会的组织模式，也有助于养成与人协作的意识等工作理念。

任何一款软件，如果想要熟练操作它，那么熟悉该软件的界面并掌握其所提供的功能、熟悉工具面板都是非常重要的。Unity 3D（Unity）作为一款比较复杂的软件，我们通过本章来学习它的基本的内容。

Unity 3D 是一款针对独立开发者和小型开发公司推出的免费跨平台游戏引擎，除可开发 Windows、macOS、Linux 单机游戏及 iOS、Android 手机游戏外，也可开发在线游戏。Unity 3D 不但可以制作 2D/3D 游戏，还可以制作 VR 游戏。

Unity 3D 拥有强大的编辑界面，游戏开发者在创建游戏过程中可以通过可视化的编辑界面创建游戏。

Unity 3D 基本界面如图 2-1 所示，Unity 3D 的基本界面布局包括工具栏、菜单栏以及 5 个主要的视图操作窗口，这 5 个视图为 Hierarchy（层级）视图、Project（项目）视图、Inspector（检视）视图、Scene（场景）视图和 Game（游戏）视图。

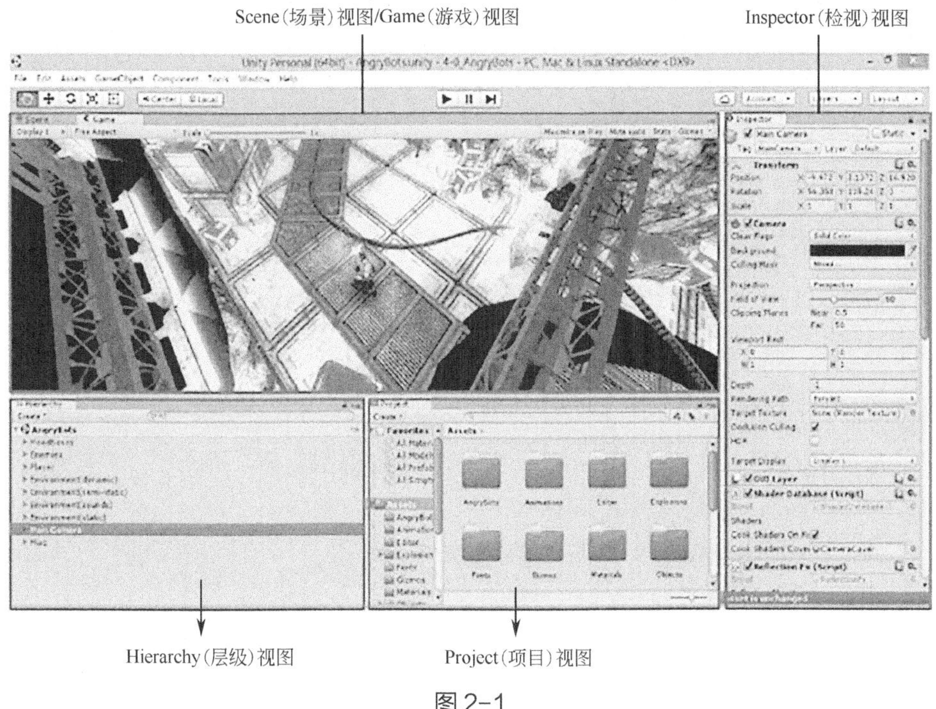

图 2-1

2.1 Unity 3D 界面布局

在 Unity 3D 中有多种类型的界面布局，每种界面布局都有指定的用途。右上角“Layout”按钮用于改变界面布局类型，单击“Layout”按钮，可以在下拉列表中看到很多种界面布局类型，其中有 2 by 3、4 Split、Default、Tall、Wide 等，如图 2-2 所示。

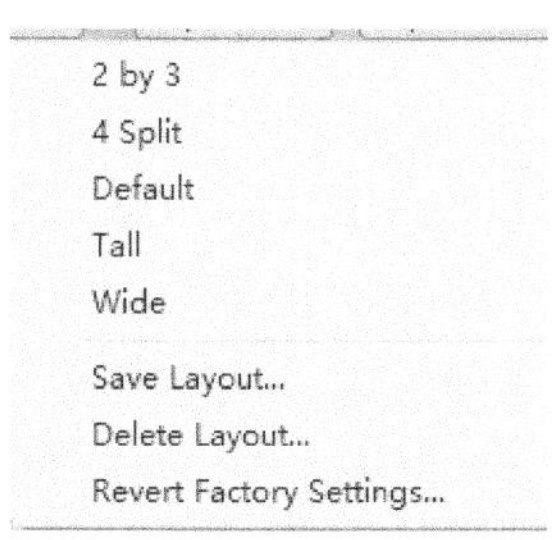

图 2-2

每种界面布局的特点如下：

2 by 3 布局是一个经典的界面布局，很多开发人员使用这样的布局。

4 Spilt 界面布局可以呈现 4 个 Scene 视图，通过控制 4 个场景，可以更清楚地进行场景的搭建。

Wide 界面布局将 Inspector 视图放置在最右侧，将 Hierarchy 视图与 Project 视图放置在一列。

Tall 界面布局将 Hierarchy 视图与 Project 视图放置在 Scene 视图的下方。

完成了界面布局自定义后，执行“Windows”→“Layouts”→“Save Layout”菜单命令，在弹出的小窗口中输入自定义窗口的名称，单击“Save”按钮，可以看到界面布局的名称是“自定义”。

Unity 3D 的 Hierarchy 视图包含了每一个当前场景的所有游戏对象（GameObject），如图 2-3 所示。

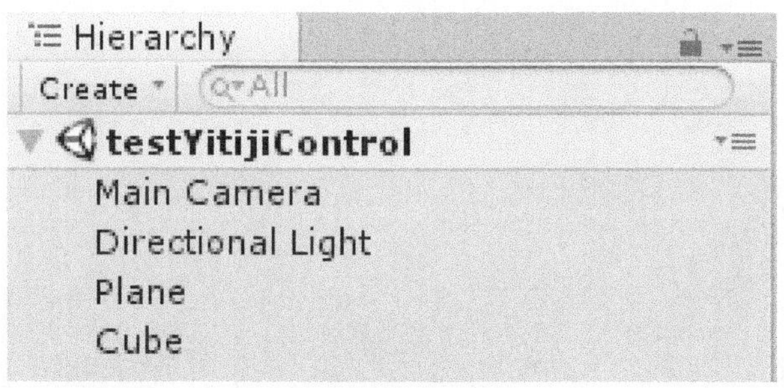

图 2-3

其中一些是资源文件的实例，如 3D 模型和其他预制物体（Prefab）的实例，可以在 Hierarchy 视图中选择对象或者生成对象。

当在场景中增加或者删除对象时，Hierarchy 视图中相应的对象会出现或消失。

在 Unity 3D 的 Hierarchy 视图中，对象是按照字母顺序排列的，因此，游戏开发者在游戏制作过程中要避免文件重名，养成良好的命名习惯。

同时，在 Hierarchy 视图中，游戏开发者可以通过对游戏对象建立父子级别的方式对大量对象的移动和编辑进行更加精确和方便的操作。

如图 2-4 所示，在 Hierarchy 视图中，单击“Create”按钮，可以开启与“GameObject”菜单下相同的命令功能。

如图 2-5 所示，在 Hierarchy 视图中，单击 Hierarchy 视图右侧处可以保存场景及加载场景。

在 Hierarchy 视图中，单击搜索区域，游戏开发者可以快速查找到场景中的某个对象。搜索框右侧第一个按钮允许通过使用菜单进一步过滤资源，第

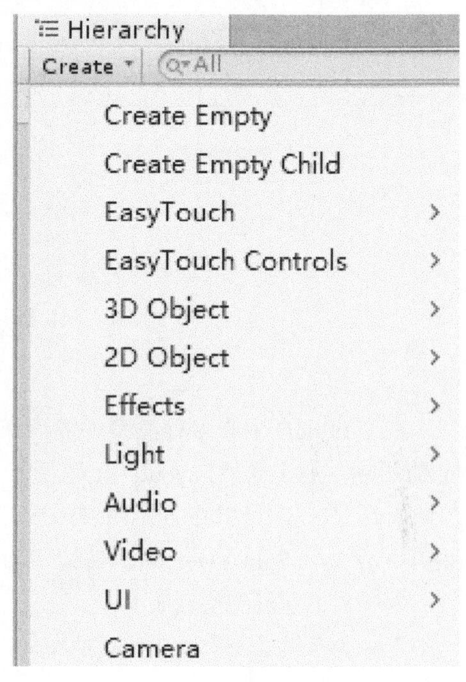

图 2-4

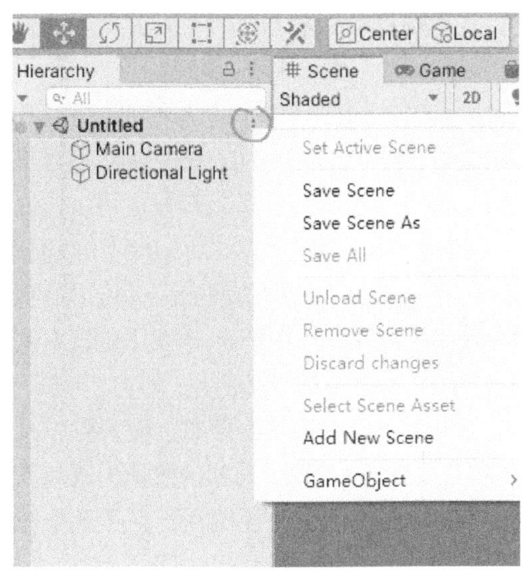

图 2-5

二个按钮会根据资源的“标签”过滤资源。

Unity 3D 的 Project 视图显示资源目录下所有可用的资源列表，相当于一个资源仓库，用户可以使用它来访问和管理项目资源。

每个 Unity 3D 项目包含一个资源文件夹，其内容将呈现在 Project 视图中，如图 2-6 所示。这里存放着游戏的所有资源，例如场景、脚本、三维模型、纹理、音频文件和预制组件。

如果在 Project 视图里单击某个资源，可以在资源管理器中找到其对应的文件本身。

Project 视图左侧显示当前文件夹的层次结构，当选中一个文件夹时，它的内容就会显示在右侧。对于显示的资源，可以从图标看出它的类型，例如是脚本、材质，还是子文件夹等。

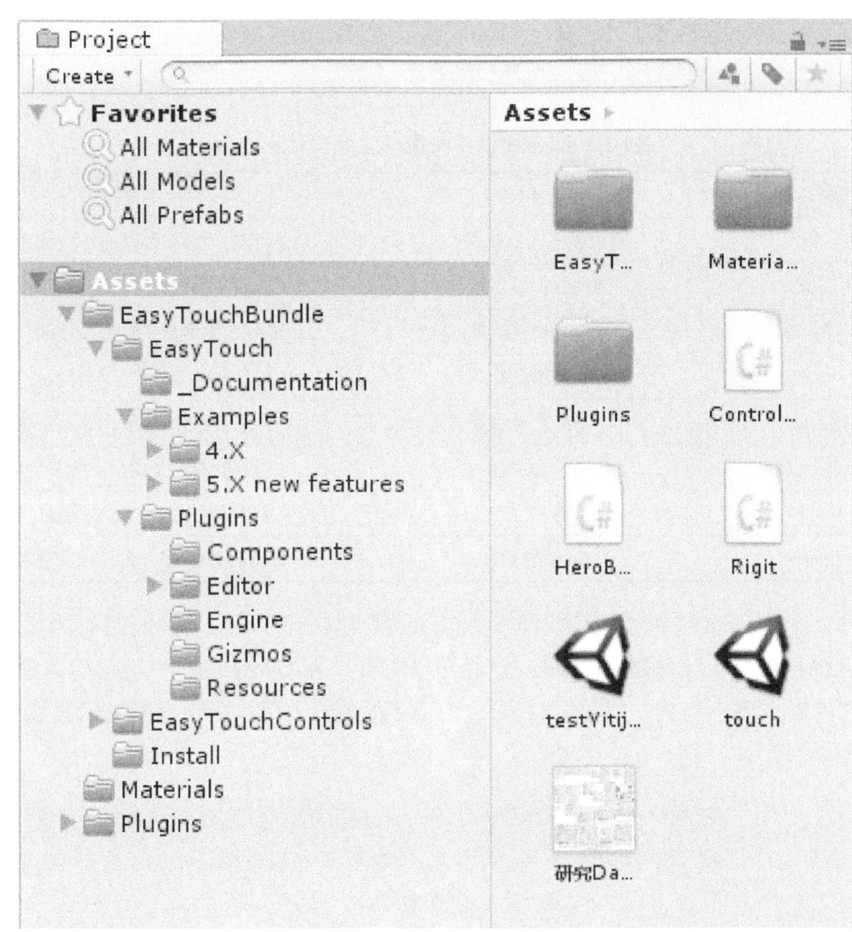

图 2-6

可以使用视图底部的滑块调节图标的显示尺寸，当滑块移动到最左边时，资源就会以层次列的形式显示出来。当进行搜索时，滑块左边的空间就会显示资源的完整路径。

在 Project 视图中，顶部有一个浏览器工具条。左边是“Create”菜单，单击 Create，会开启与“Assets”菜单下“Create”命令相同的功能。游戏开发者可以通过“Create”菜单创建脚本、阴影、材质、动画、UI 等资源。在 Project 视图中，单击搜索区域，游戏开发者可以快速查找到某个资源文件的内容。如在 Project 视图中，左侧顶部是一个名为“Favorites”（收藏）的面板，在此处可以保存要经常或频繁访问的资源，这样可以更方便地访问它们，可以从项目文件夹层次中拖动文件夹到此处，也可以将搜索结果保存到此处。在 Project 视图中，右侧顶部是选择项轨迹条，它显示了 Project 视图中当前选中的文件夹的具体路径。

Unity 3D 的 Scene 视图用于构建游戏场景，游戏开发者可以在该视图中通过可视化方式进行游戏开发，并根据个人的喜好调整 Scene 视图的位置。Scene 视图中包括的绘图模式如图 2-7 所示，具体含义及说明如表 2-1 所示。图 2-7 中，Scene 视图上部是控制栏，用于改变相机查看场景的方式。

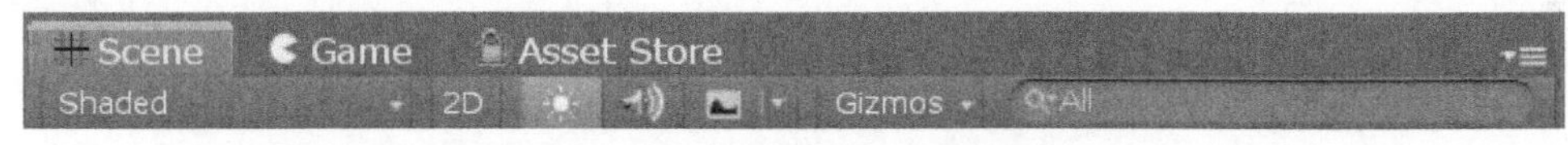

图 2-7

表2-1　Scene视图中绘图模式的含义及说明

绘图模式	含 义	说 明
Shaded	着色模式（默认模式）	所有游戏对象的贴图都正常显示
Wireframe	网格线框显示模式	以网格线框形式显示所有对象
Shaded Wireframe	着色模式线框	以贴图加网格线框形式显示对象
Shadow Cascades	阴影级联	以阴影方式显示对象
Render Paths	渲染路径显示模式	以渲染路径的形式显示对象
Alpha Channel	Alpha 通道显示	以灰度图的方式显示所有对象
Overdraw	以半透明方式显示	以半透明的方式显示所有对象
Mipmaps	Mip 映射图显示	以 Mip 映射图方式显示所有对象

Unity 3D 中的 Game 视图用于显示最后发布的游戏的运行画面，游戏开发者可以通过此视图进行游戏的测试。单击播放按钮后，游戏开发者可以在 Game 视图中进行游戏的预览，并且可以随时中断或停止测试。如图 2-8 所示，Game 视图的顶部是用于控制显示属性的控制条，其参数如表 2-2 所示。

图 2-8

表2-2　Game视图显示属性参数表

参数	含义	功能
FreeAspect	自由比例（默认）	调整屏幕显示比例，默认为自由比例
Maximize On Play	运行时最大窗口	切换游戏运行时最大化显示场景
Mute Audio	静音	控制游戏在运行预览时静音
Stats	统计	单击此按钮，弹出 Statistics 面板，显示运行场景的渲染速度、帧率、内存参数等内容
Gizmos	设备	单击其右侧的三角符号可以显示或隐藏场景中的灯光、声音、相机等游戏对象图标

Unity 3D 的 Inspector 视图用于显示当前选定游戏对象的所有附加组件（脚本属于组件）及其属性的详细信息。

如图 2-9 所示，以立方体 Cube 为例，在 Unity 3D 的 Inspector 视图中显示了当前游戏场景中 Cube 对象所拥有的所有组件，游戏开发者可以在 Inspector 视图中修改 Cube 对象的各项参数设置。Inspector 视图中，各项参数的含义及功能如表 2-3 所示。

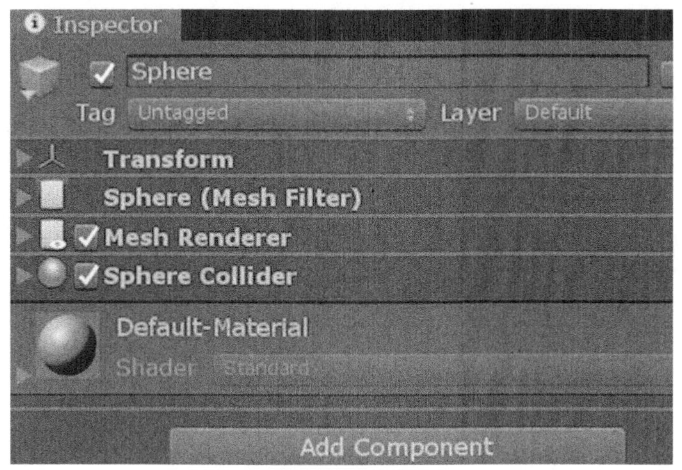

图 2-9

表2-3　Inspector视图中各项参数含义及功能

参数	含义	功能
Transform	转换	调节对象 *X*、*Y*、*Z* 轴的位置，改变游戏对象的 Position（位置）、Rotation（旋转）、Scale（缩放）
Sphere（Mesh Filter）	球体（网格过滤器）	更换游戏对象的网格类型
Sphere Collider	球形碰撞体	设置球形碰撞体的相关参数
Mesh Renderer	网格渲染器	设置网格渲染器的相关参数
Default-Material	材质	指定游戏对象的材质

Unity 3D 的工具栏（Toolbar）中，一共包含 14 种常用工具，如表 2-4 所示。

表2-4　Unity 3D工具栏包含的常用工具

图标	工具名称	功能	快捷键
	平移窗口工具	平移场景视图画面	鼠标中键
	位移工具	针对单个或两个轴向做位移	W
	旋转工具	针对单个或两个轴向做旋转	E
	缩放工具	针对单个轴向或整个物体做缩放	R
	矩形手柄	设定矩形选框	T
Center	变换轴向	与 Pivot 切换显示，以对象中心轴线为参考轴做移动、旋转及缩放	无
Pivot	变换轴向	与 Center 切换显示，以网格轴线为参考轴做移动、旋转及缩放	无
Local	变换轴向	与 Global 切换显示，控制对象本身的轴向	无
Global	变换轴向	与 Local 切换显示，控制世界坐标的轴向	无
▶	播放	播放游戏以进行测试	无
❚❚	暂停	暂停游戏并暂停测试	无
▶❚	单步执行	单步进行测试	无
Layers	图层下拉列表	设定图层	无
Layout	界面布局下拉列表	选择或自定义 Unity 3D 的界面布局方式	无

2.2　资源管理

开发一款游戏，首先需要制定策划案，然后准备游戏资源，一个游戏项目里会有各种各样的资源，需要对资源进行合理的管理。资源管理最直观的体现在于对文件的归类与命名。在 Unity 3D 中，所有游戏相关文件都被放置在 Assets 文件夹下，常见文件夹的内容如表 2-5 所示。

表2-5　资源管理中常见文件夹的内容

文件夹	内容
Models	模型文件，其中包括自动生成的材质球文件
Prefabs	预制体文件
Scenes	场景文件
Scripts	脚本代码文件
Sounds	音效文件
Texture	贴图文件

同时，在一个 Unity 3D 项目中，通常会有大量的模型、材质以及其他游戏资源，所以需要将游戏资源归类到不同文件夹以进行分类管理。

一般做法是：在 Unity 3D 软件界面中执行“Assets”→“Create”→“Folder”命令，或者直接在 Project 面板中选择“Assets”目录，右击后选择“Create”→“Folder”命令，建立并命名不同文件夹，就跟 Windows 操作系统中分门别类建立并命名不同的文件夹对资源进行归类管理一样；也可以直接在 Project 视图中的“Assets”目录上右击，选择“Show in Explorer”命令，这样可以直接将文件复制到游戏项目所在的文件夹中。

2.3 游戏开发案例

我们通过一个简单的案例来入门。

目的：通过尝试制作一款使用玩家角色把小球弹飞的简单小游戏，熟悉使用 Unity 3D 进行游戏开发的基本流程。

软件环境：Unity 2017.1.3f1，Visual Studio 2013。

2.3.1 创建新项目

Step01 启动 Unity 3D 后将出现一个并列显示“Projects”和“Getting started”的窗口。点击窗口中央的“New Project”按钮或者右上方的“NEW”文本标签，窗口下半部分内容将发生改变，出现“Project name”文本框等内容（见图 2-10）。

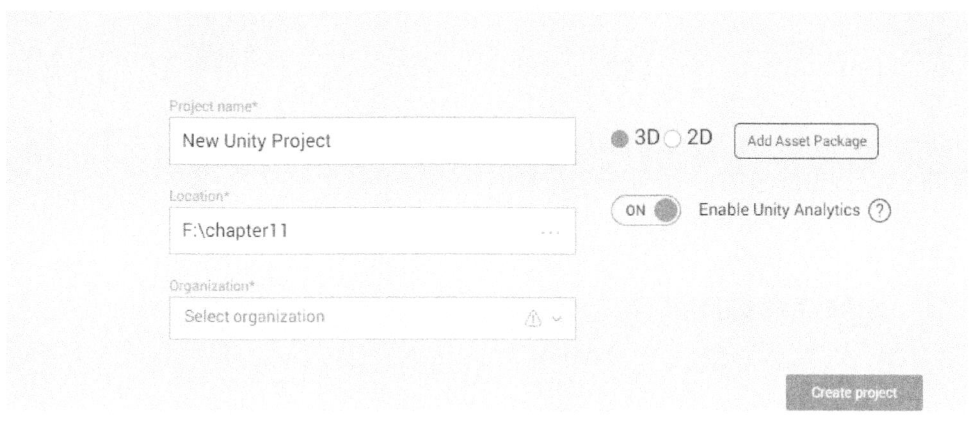

图 2-10

Step02 如果 Unity 3D 曾经被启动过，窗口中央将不再显示“New Project”按钮，取而代之的是曾经载入过的项目文件列表。这时右上方的“NEW”文本标签依然会显示，可以通过它来创建项目。

Step03 在指定的位置依次输入项目名称、存储路径、项目创建者，点击右下角的创建项目，这样，一个 Unity 3D 项目就创建好了。

提醒：虽然文件夹和项目可以取任意名字，但是最好不要使用汉字。如果路径中包含了汉字，有可能导致 Unity 3D 编辑器在保存和读取文件时出错。

2.3.2 创建地面（创建游戏对象）

Step04 在窗口顶部菜单中依次点击“GameObject”→“3D Object”→“Plane”，场景视图中央将出现一个平板状的游戏对象，同时层级视图中也增加了一项“Plane”（平面）。

2.3.3 创建场景，保存项目

Step05 观察 Unity 3D 的标题栏，发现在最顶端文本右侧有一个“*”符号，这个符号表示当前项目文件需要保存（见图 2-11）。保存后该符号就会消失，之后如果又做了操作需要重新保存，该符号会再次出现。

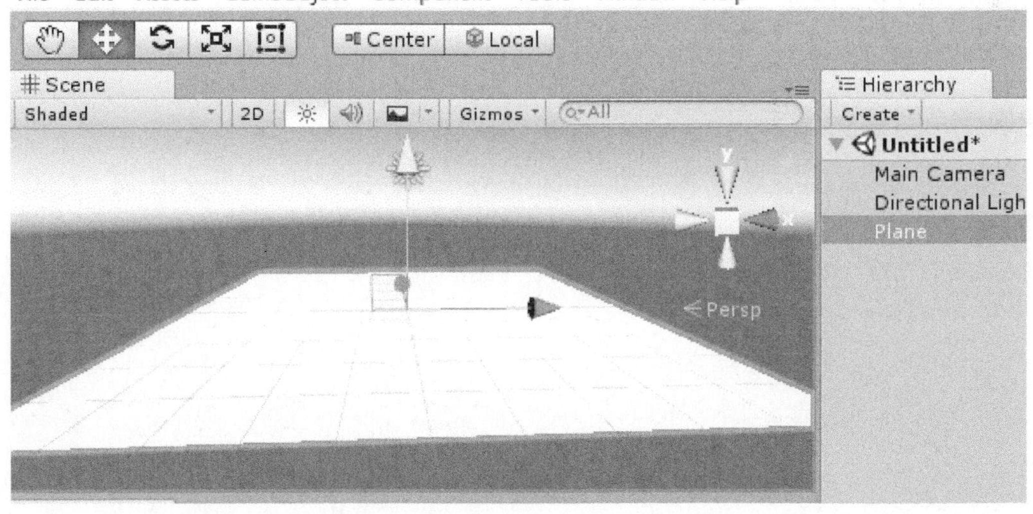

图 2-11

2.3.4 调整场景视图的摄像机

调整摄像机的角度，使之能够从正面俯视我们刚才创建的地面对象，调整摄像机角度的方式如下：

Step06 按住 Alt 键的同时拖动鼠标左键，摄像机将以地面为中心旋转。按住 Alt 和 Ctrl 键的同时拖动鼠标左键，摄像机将平行移动。滚动鼠标滚轮，画面将向着场景深处前后移动。

2.3.5 创建方块和小球

创建完地面后，将创建代表玩家角色的小方块和球体游戏对象。

Step07　在窗口顶部菜单中依次点击“GameObject”→“3D Object”→“Cube”和“GameObject”→“3D Object”→“Sphere”。

Step08　将方块移动到左侧，小球移动到右侧（拖动对象上的 X、Y、Z 轴进行移动）（见图 2-12）。

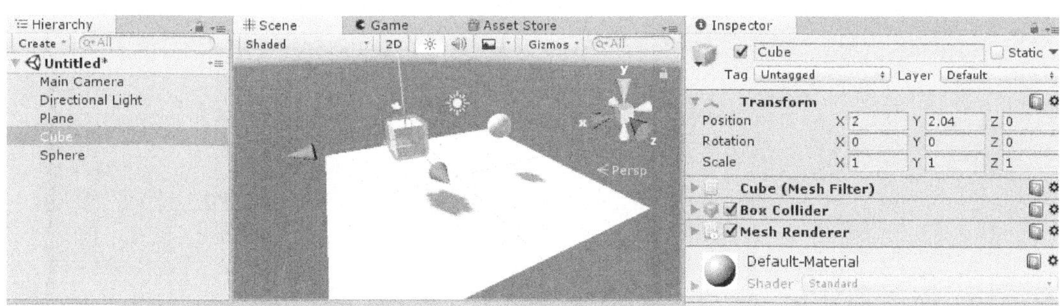

图 2-12

精确移动：在层级视图中选中小方块（小球也是如此），把检视面板中“Transform”标签下的“Position”的 X 值由 0 改为 -2。

2.3.6 运行游戏

再次保存项目文件。保存完成后，开始运行游戏。

Step09　确认游戏视图标签页右上方的“Maximize On Play”图标处于按下状态，然后点击画面上方的播放按钮（位于工具栏中间的播放控件中最左边的三角形按钮，如图 2-13 所示）。启动游戏后，将自动切换到游戏视图。场景视图中配置好的 3 个游戏对象将显示出来。若希望终止游戏运行，再次点击播放按钮即可（见图 2-14）。

提醒：游戏启动后，再次进行编辑前务必先终止游戏运行。

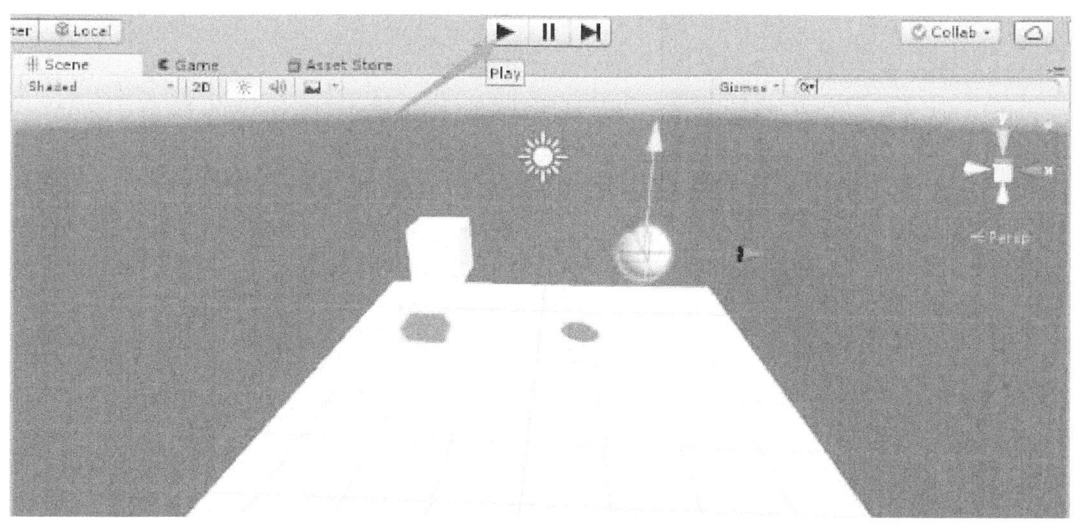

图 2-13

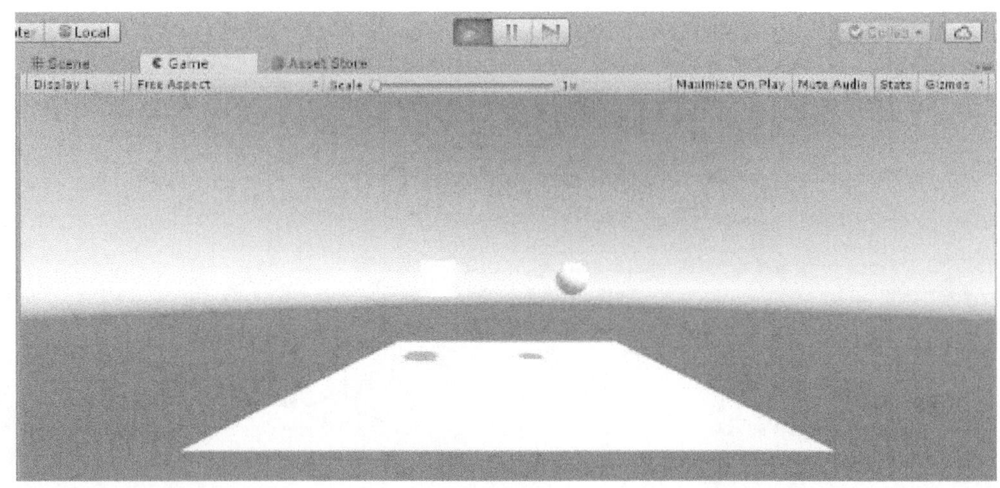

图 2-14

2.3.7 摄像机的便捷功能

在层级视图选中“Cube”后，将鼠标移动到场景视图中，然后按下 F 键，可以看到摄像机将向“Cube”移动。切记：选中某游戏对象后再按下 F 键，场景视图中的摄像机将移动到该对象的正面。当需要查看某游戏对象时这个方法会很方便。

2.3.8 修改游戏对象的名字，保存场景

Step10 按图 2-15 所示进行命名，Cube → Player，Plane → Floor，sphere → ball，然后按下回车键。在窗口顶部菜单中依次点击“File” → “Save Scene”，取场景名“GameScene”，保存完毕后，项目视图中也添加了“GameScene”项（如果无法看见，可以尝试点击左侧的“Assets”标签）。

图 2-15

2.3.9 模拟物理运动（添加“Rigidbody”组件）

为了实现让玩家角色跳起来的效果，需要为游戏对象添加物理运动组件。

Step11　在层级视图选中“Player”，并在窗口顶部菜单中依次点击“Component”→“Physics”→“Rigidbody”，如图 2-16 所示。这样“Rigidbody”组件就被添加到了玩家角色中，可以在检视面板中看到“Rigidbody”。

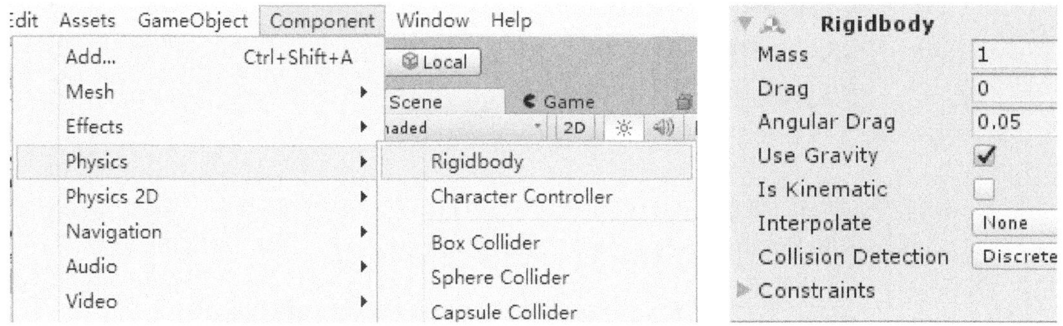

图 2-16

再次运行游戏（step 07），这一次玩家角色将快速落下并在撞到地面时停止（见图 2-17）。

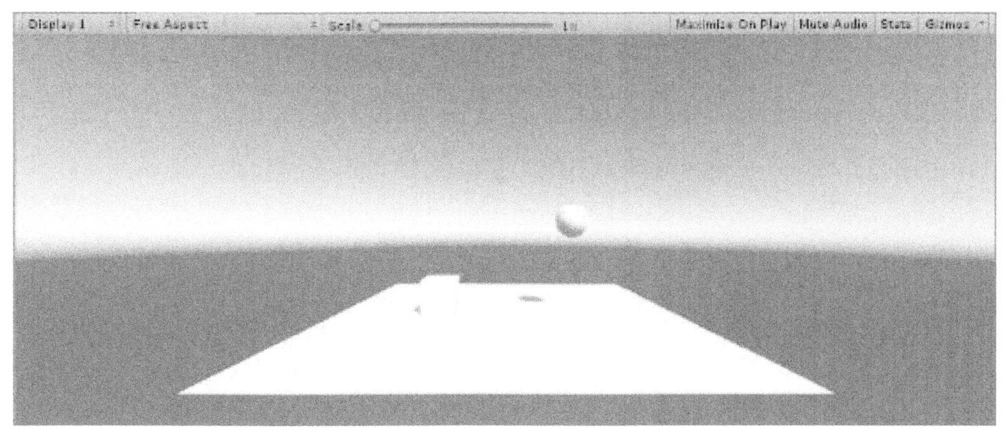

图 2-17

2.3.10　让玩家角色跳起来（添加游戏脚本）

（1）由于该脚本用于操作玩家角色，所以将该脚本命名为 Player

Step12　从项目视图的“Create”菜单中选择“C# Script”，项目视图右侧的“Assets”栏中将生成一个名为“NewBehaviourScript”的脚本文件，刚创建完成时，将其名字改为 Player（见图 2-18）。这时创建的脚本是一个空的脚本，即使运行也不会发生什么。为了能够将它用在游戏中，必须做相应的编辑。选中 Player 脚本，点击检视面板上的“Open”按钮。这时 Visual Studio 2013（VS 2013）将会启动，Player.cs 脚本被打开（或者启动 Mono Develop 编辑器[1]）。

[1] 在项目视图中双击脚本项也能够启动编辑器（在这里是 VS 2013）。

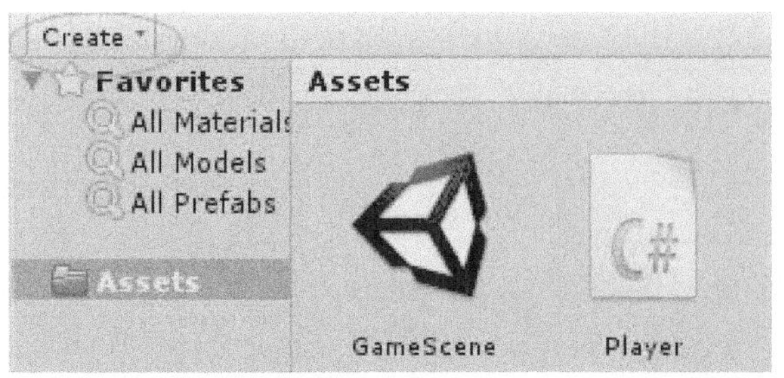

图 2-18

可以看到，创建好的脚本文件已经包含了若干行代码。这些代码是每个脚本都必需的，为了省去每次输入的麻烦，所以预先设置在文件中了（见图 2-19）。

```
Player.cs
NewBehaviourScript
using System.Collections;
using System.Collections.Generic;
using UnityEngine;

public class NewBehaviourScript : MonoBehaviour {

    // Use this for initialization
    void Start () {

    }

    // Update is called once per frame
    void Update () {

    }
}
```

图 2-19

（2）脚本编辑

Step13　脚本的开头有一行代码，确认 public class 后紧跟着的类名为 Player（Unity 3D 规定 C# 脚本中类名必须和文件夹名相同），然后开始编辑脚本代码，新增一个 jump_speed 数据成员并重写 Update 方法。

```
using System.Collections;
using System.Collections.Generic;
using UnityEngine;

public class Player : MonoBehaviour {
  protected float jump_speed = 5.0f; // 设置起跳时的速度
  // Use this for initialization
  void Start () { } // Update is called once per frame
  void Update () {
   if (Input.GetMouseButtonDown(0)) {// 点击鼠标左键触发
```

```
        this.GetComponent<Rigidbody>().velocity = Vector3.up * this.jump_speed;
// 设定向上速度
            }
    }
```

在 VS 2013 中编辑完代码后，必须对其加以保存才能使改动生效。回到 Unity 3D 编辑器中，也进行保存。

（3）把新建的类组件添加到"Player"对象上运行

Step14　从项目视图中将 Player 脚本拖拽到层级视图中的"Player"对象上（见图 2-20），这样就可以把 Player 脚本组件添加到玩家角色，此时在检视面板中也应该能看见"Player"标签，如图 2-21 所示。

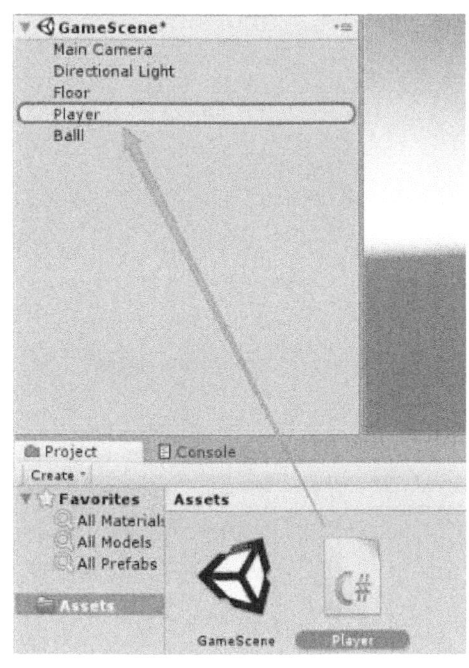

图 2-20

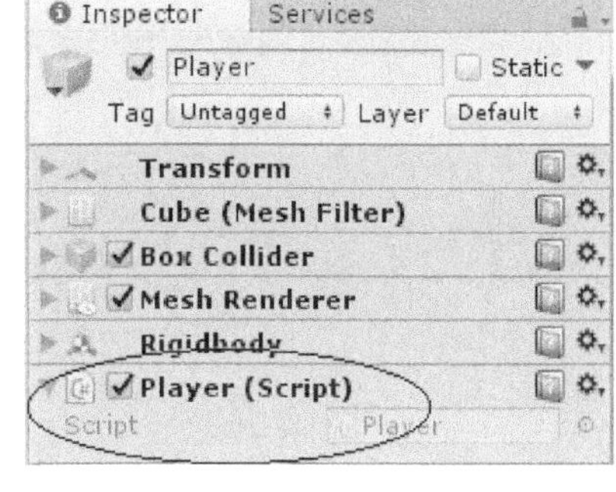

图 2-21

再次启动游戏。点击鼠标左键，玩家角色将"嘭"地弹起来（运行前记得再保存一次项目文件）。

2.3.11　修改游戏对象的颜色（创建材质）

不管是游戏还是虚拟现实，都是一种可视化开发。其中物体的外观属性（包括光滑、粗糙、凹凸）以及色彩都对观感非常重要，而这是由材质决定的，我们通过创建材质来修改它们的外观。

Step15　在资源管理器中右击，在弹出的上下文菜单中选择创建一个文件夹命名为 Material，如图 2-22 所示。然后在此文件夹中右击创建 Material，命名为 red。在此材质被选中的情况下，在右侧的 Inspector 中修改参数，点击"Main Maps"中的"Albedo"后面的色彩，选择红色（见图 2-23），我们看见 red 材质变成红色了。拖拽这个材质到立方体上释放发现立方体外观呈现红色（见图 2-24）。

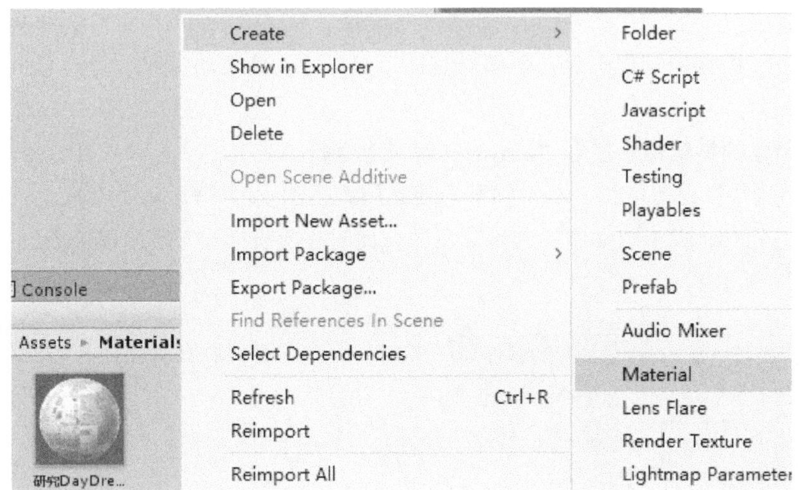

图 2-22

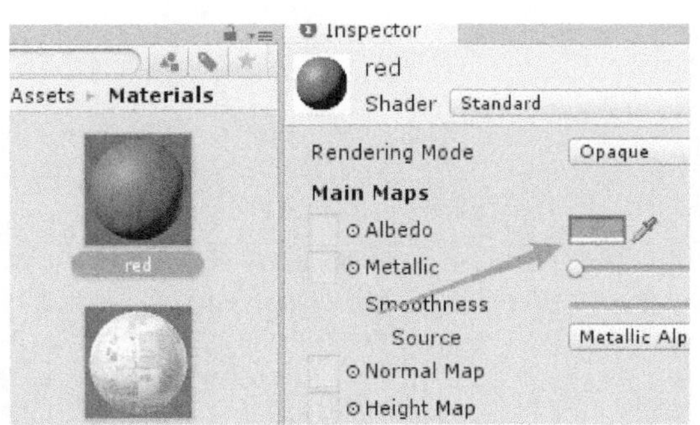

图 2-23

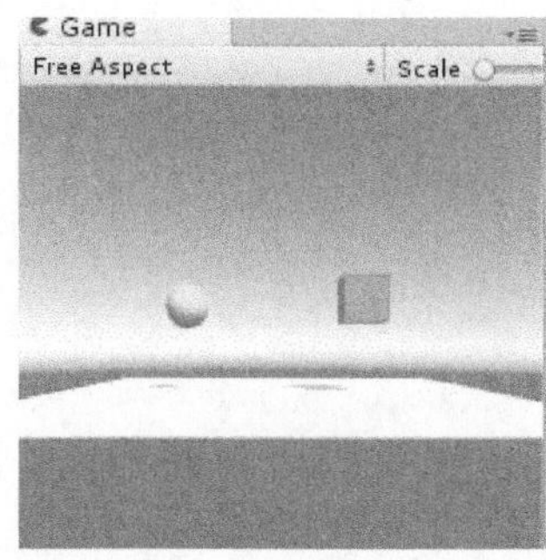

图 2-24

2.3.12 发布游戏（调整播放器设置）

最后一步是发布，在这里我们简单地发布在 PC 平台完成整个流程。

Step16 点击“File”菜单选择“Build Setting”，打开发布设置面板。然后点击“Add Open Scenes”。将当前的“GameScene”加入发布列表。在发布平台“Platform”中选择第一项“PC Mac & Linux Standalong”，然后点击下方的“Player Settings...”，此时右侧的检视面板中出现发布设置相关选项，可进行相应设置，如图 2-25 所示（切勿使用默认选项，否则无法发布）。

设置后点击“Build”按钮，在弹出的对话框中设置发布的可执行文件名以及存储位置，确定后 Unity 3D 开始发布。稍等片刻，完成后点击生成的“Test.exe”开始运行。之后首先弹出播放设置对话框。图 2-26 所示箭头处可以修改播放画面的大小、质量、是全屏播放还是窗口播放等。

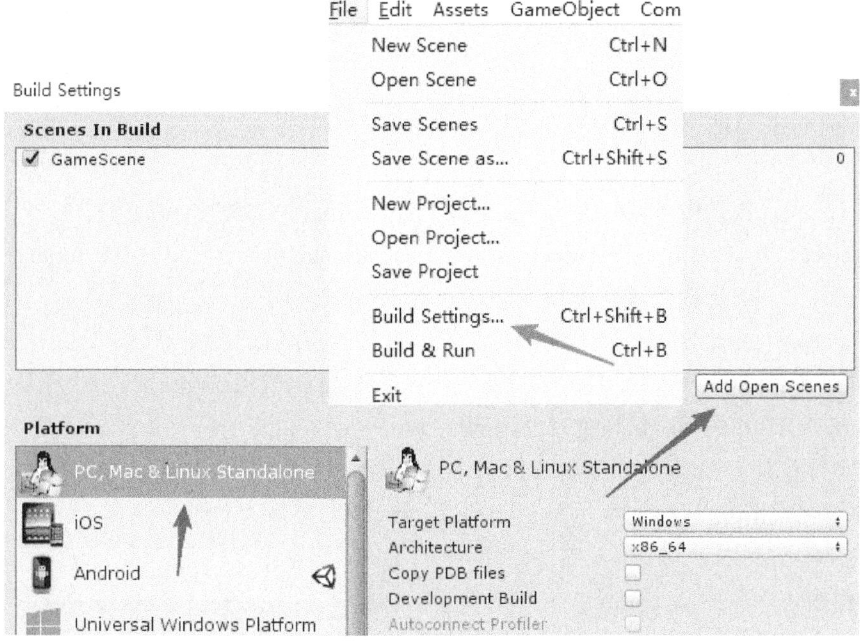

图 2-25

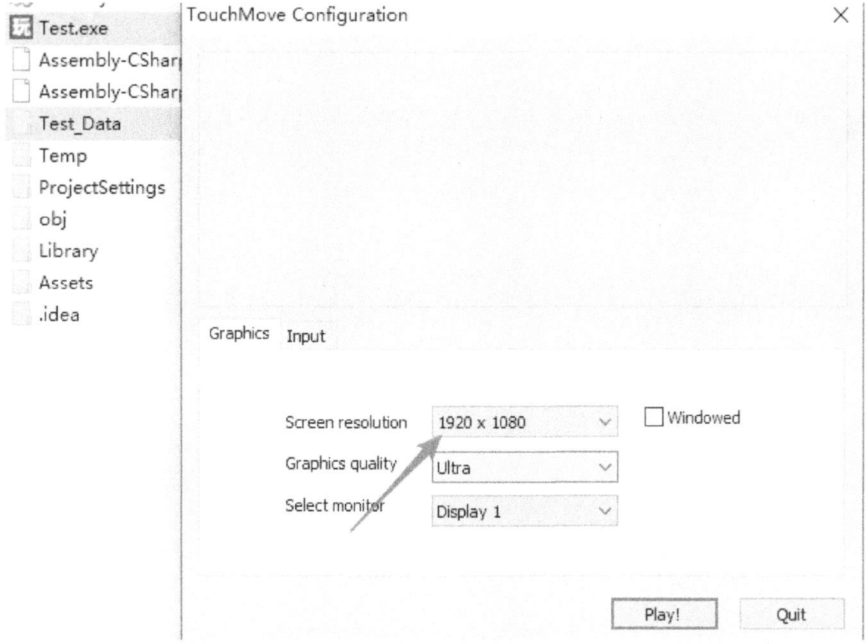

图 2-26

运行游戏。我们看到游戏可以正常运行并且运行得非常流畅。

希望通过以上学习，使读者能掌握 Unity 3D 界面的基本操作。

第2章思考练习题与答案

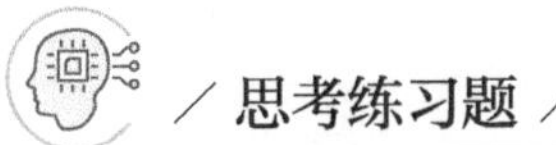

思考练习题

1. 在（　　）视图中可以修改物体的空间属性，如位置、旋转、缩放等。

A. Project　　B. Inspector　　C. Hierarchy　　D. Toolbar

2. 下面（　　）做法可以打开 Unity 3D 的 Asset Store。

A. Windows　Asset Store　　B. Edit　Asset Store

C. File　Asset Store　　D. Assets　Asset Store

3. Unity 3D 常用的视图操作窗口分别是什么？

4. 以下哪些属于 Unity 中的资源文件？（　　）

A. PNG 格式图片　　B. DOCX 格式文件

C. FBX 模型文件　　D. C# 脚本

5. 操作题

认真独立完成书中示例项目，从而快速熟悉 Unity 3D 的界面与工作流程。

第3章 地形与美术资源

本章素质技能目标

掌握 Unity 3D 使用内置地形工具完成地形资源制作、选取地形笔刷（必要时按住快捷键）绘制地形、绘制地表纹理等操作，在此过程中培养耐心细致的工作作风以及对于大自然的热爱。掌握调控软件工具参数，绘制中国复杂的地貌特征，对祖国地形有个全面整体认识，并讨论全球陆地上的 5 种基本地貌类型在中国的分布（这为中国工农业的发展提供了多种选择和条件），增强学生的爱国情感。鉴于中国地形的复杂多样，这是一项开放性任务，可以培养创新精神与实践能力，对于熟练掌握工具很有促进。

VR 美术素材制作是开发 VR 应用的核心环节，它能有效增加 VR 应用的沉浸感和带入感，VR 美术素材是 VR 应用创作的基础素材，主要分为原画、3D 模型、材质纹理、骨骼和蒙皮、动画、灯光、特效等模块。这些素材资源多数需要专用的软件去制作。但是对于地形这种全局的美术资源，Unity 3D 内置其制作功能。本章重点介绍 Unity 3D 地形制作功能。

3.1 VR 美术素材概述

三维游戏世界大多能给人以沉浸感。在三维游戏世界中，通常会将丰富多彩的游戏元素融合在一起，比如游戏中起伏的地形、郁郁葱葱的树木、蔚蓝的天空、飘浮在天空中的朵朵云彩、凶恶的猛兽等，让玩家置身游戏世界，忘记现实。

VR 技术的最大特点是体验现场的沉浸感和带入感，VR 美术素材品质高低直接影响了 VR 应用的体验效果。VR 美术素材做得越逼真，越贴近现实，越能让体验 VR 应用的人产生身临其境的感觉。对于一个开发 VR 应用的企业来说，没有大量的 VR 美术素材积累，好的 VR 应用也不容易被创作出来。长期积累的大量 VR 美术素材对于设计师而言，可以激发其创作灵感，一个优秀的设计师面对大量的 VR 美术素材可以快速设计出需要的 VR 应用。

VR 应用开发过程主要包括需求分析、编导策划、美术素材创作、程序开发、UI 优化以及 QA 测试等步骤。没有 VR 美术素材，设计师就是“巧妇难为无米之炊”，无法开发出用户需要的 VR 应用。

3.2 VR 应用美术素材制作注意事项

与普通 3D 应用（3D 动画片、3D 游戏等）相比，VR 应用在体验过程中体现出了更好的身临其境的效果，这种效果差异主要是由虚拟现实技术带来的。在 3D 美术素材制作方面，VR 应用和普通 3D 应用的流程和步骤基本是一致的，差异并不大。接下来简要介绍 VR 应用美术素材制作的一些注意事项。

（1）制作平台

3D 美术素材的制作平台主要以 3ds Max、Maya、Photoshop 等建模或绘图软件为主。VR 应用的 3D 美术素材制作平台和普通 3D 应用类似，也用到了 3ds Max、Maya、Photoshop 等建模或绘图软件，区别在于 VR 应用的一些美术素材，因其效果要求需要在 Unity 3D 这类 VR 开发引擎中制作。

（2）尺寸和比例

和普通 3D 应用相比，VR 应用更加注重真实感，所以对 3D 美术素材（这里主要指 3D 模型）的尺寸和比例要求更加严格。例如，需要制作一个高度为 30cm 的绿萝盆栽模型，实际做出的模型高度为 50cm，放在 VR 应用场景中会让体验者感觉不真实，影响体验效果。

（3）贴图

贴图会影响 3D 模型的精细度和真实性。对于 VR 应用而言，在体验过程中体验者可以漫游、行走、近距离观看，甚至可以抓取物品并近距离观看物体表面，所以在这种场景下对模型贴图的要求会更高。对于 VR 应用中的 3D 模型，常会用到法线贴图。法线贴图是将高细节的模型（精模、高模）和低细节的模型（简模、低模）通过映射烘焙出的，然后贴在低细节模型（简模、低模）的法线贴图通道上，这样不仅能大大降低3D模型面数和计算要求，还能表现出近乎高细节的模型效果。法线贴图要经过烘焙才能得到，主流的三维建模软件3ds Max、Maya中都有烘焙功能。

拓展知识：VR应用3D美术素材分类

下面介绍国内某大型VR应用制作公司的3D美术素材分类（非标准分类）供学习参考。

（1）一级素材

一级素材有关参数见表3-1。

表3-1 一级素材参数表

参数	描述
面数	10000个以上三角面
贴图大小	1024×1024（水平像素 × 垂直像素）及以上，多采用真实材质贴图
骨骼数量	70根以上（如果女性的发型飘逸，此数量会更高）

① 角色布线合理，角色外轮廓圆滑并呈现流线型，裙摆自然。

② 场景结构复杂、布线讲究、细节突出、材质感强，细节全部通过建模表现，受到光照后真实感强烈。

一级素材并不适用于移动型VR眼镜和VR一体机上的应用开发，多用于PC型VR眼镜的应用开发。

（2）二级素材

二级素材有关参数见表3-2。

表3-2 二级素材参数表

参数	描述
面数	5000～10000个三角面
贴图大小	不超过1024×1024（水平像素 × 垂直像素），多以真实材质＋手绘修饰
骨骼数量	30～70根

① 角色布线严谨，布线处多为转折处，在不破坏主结构的情况下通过块把结构效果完美呈现。

② 场景结构清晰，没有多余的布线，细节、材质均通过贴图表现。

二级素材可以在目前主流的高端智能手机上运行。

（3）三级素材

三级素材有关参数见表3-3。

表3-3 三级素材参数表

参数	描述
面数	小于5000个三角面，根据素材要求的效果，在不破坏结构的情况下适当减至最低面数
贴图大小	不超过256×256（水平像素 × 垂直像素），多为手绘材质
骨骼数量	小于30根

① 角色布线简单，结构棱角明显，多运用在卡通造型上，明暗基本靠灯光处理加上卡通渲染。

② 场景多为Q版卡通风格，结构简单，以简单的几何体拼接而成，细节效果可以通过高模的烘焙，或者手绘贴图来体现。此类素材适用于价格在2000元以下的智能手机，以保证运行的流畅性。

3.3 VR美术资源制作流程及常用软件

3.3.1 VR美术资源制作概述

一套VR美术资源（通常指为某个VR应用准备的VR美术素材）制作流程主要涉及如下几个步骤。

① 美术资源需求分析　向VR应用项目目标用户或干系人了解详细需求，通过需求了解资源的应用场景和场景涉及的主要美术资源类型，如场景中是否需要人物、房子、汽车等。结合用户偏好的美术风格和实际应用场景确定美术资源类型——写实或者卡通。同时，根据需求的大致预算以及运行的硬件环境确定资源的等级—— 一级、二级或三级。

② 美术资源拆解　对需求分析的场景中的每一个画面所包括的美术资源进行详细的素材拆解，如画面中有多少个人、多少辆汽车等，这些人和物的表现形式、动作以及特效等。同时确定这些素材资源的来源，看是否有直接可复用的，还是需要开发或者从外部购买。根据上述美术资源拆解确定最终的开发预算，同时开始制订开发计划，确定开发人员并分配工作。

③ 制作前期准备　对于不同类型的素材，其制作的方法也不一样，如低模有Q版或卡通，高模有写实或超写实。同时VR美术素材的制作涉及不同岗位的美术开发人员，而且不同项目要求的标准可能也不一样。在正式开始制作前，需要针对特定项目制定特定的开发标准，按照这个标准开发达成最终一致的美术风格。

④ 美术资源制作　美术资源制作涉及的内容很多，本书不对该部分进行系统的阐述，接下来仅介绍该步骤中一些常用的软件。

3.3.2 VR美术资源制作常用软件

VR美术资源制作常用软件主要包括二维绘图软件、三维建模软件、VR开发引擎以及一些相关的辅助工具，下面简要介绍部分常用的软件。

（1）Photoshop

Photoshop（PS）是Adobe公司开发的一款使用较为广泛的图像处理软件。Photoshop主要处理以像素构成的数字图像，使用其众多的编修与绘图工具可以有效地进行图片编辑工作。PS功能强大，是VR美术资源制作的必备软件。从功能上看，Photoshop包括图像编辑、图像合成、校色调色及特效制作等几类功能。图像编辑是图像处理的基础，可以对图像做各种变换，如放大、缩小、旋转、倾斜、镜像、透视等，也可进行复制、去除斑点、修补、修饰图像的残损等。图像合成是将几幅图像通过图层操作、工具应用合成完整的、传达明确意义的图像，Photoshop 提供的绘图工具可以让外来图像与创意很好地融合。校色调色可方便快捷地对图像的颜色进行明暗、色偏的调整和校正，也可进行不同颜色的切换以满足图像在不同领域（如网页设计、印刷、多媒体等）的应用。特效制作在 Photoshop 中主要由滤镜、通道及其工具综合应用完成，包括图像的特效创意和特效字的制作，如油画、浮雕、石膏画、素描等常用的传统美术技巧都可由 Photoshop 特效完成。

（2）Adobe Illustrator

在介绍 Adobe Illustrator 之前，首先介绍一下矢量图形的概念。矢量图形是根据几何特性来绘制的图形，矢量图形只能靠软件生成，文件占用空间较小。矢量图形最大的特点是放大后图像不会失真，和分辨率无关，适用于图形设计、文字设计和一些标志设计、版式设计等。Adobe Illustrator 作为一款矢量图形处理软件，广泛应用于印刷出版、海报和封面排版、专业插画、多媒体图像处理和互联网页面制作等领域，也可以为线稿素材提供较高的精度和控制，满足从小型设计到大型复杂项目的各种需求。Adobe Illustrator 作为全球有名的矢量图形处理软件，以其强大的功能和体贴用户的界面占据了全球矢量图形处理软件市场的大部分份额。据不完全统计，全球有将近 40% 的设计师在使用 Adobe Illustrator 进行艺术设计。

（3）3D Studio Max

3D Studio Max（3ds Max 或 3DMax）是 Autodesk 公司开发的基于 PC 系统的三维设计软件（包括建模、动画、特效等），广泛应用于影视制作、工业设计、建筑设计、多媒体制作、游戏、辅助教学以及工程可视化等领域。3DMax 是全球使用人数最多的三维设计软件之一。首先，3DMax 有非常好的性价比，它的功能强大，价格相对低廉，一般的设计公司可以承受得起，这样就可以让作品的制作成本大大降低。而且 3DMax 对硬件系统的要求相对来说也比较低，普通的配置就可以满足使用的要求。3DMax 本身就拥有强大的建模能力和角色动画制作能力，还可以通过安装插件提供 3DMax 没有的功能，增强 3DMax 原本的功能。另外，3DMax 上手容易，该软件的美术资源制作流程十分简洁高效，可以使初学者轻松上手。作为 3DMax 的学习者，保持操作思路清晰就能够逐步制作出简易的模型，而对于软件的高级功能，使用起来也不复杂。3DMax 的使用者很多，便于交流，国内中文教程很多，同时关于 3DMax 的论坛在国内也相当火爆，如果有问题，学习者可以在网上与其他设计者一起讨论。

（4）Maya

Maya 是美国 Autodesk 公司出品的一款三维动画设计软件，应用领域主要包括专业的影视广告、角色动画、电影特技等。Maya 功能完善且易学易用，制作效率高，渲染真实感强，是电影级别的高端制作软件。使用 Maya，可提高制作效率和品质，调节出仿真的角色动画，渲染出电影一般的真实效果。Maya 集成了 Alias、Wavefront 最先进的动画及数字效果技术。它不仅包括一般二维视觉效果制作功能，而且还与建模、数字化布料模拟、毛发渲染、运动匹配技术相结合。在当前市场上用来进行数字和三维制作的工具中，Maya 是首选软件之一。

（5）ZBrush

ZBrush 是一款数字雕刻和绘画软件，它以强大的功能和直观的工作流程改变着整个三维设计行业。ZBrush 是世界上第一个让设计师感到无约束自由创作的 3D 设计工具，它的出现完全颠覆了过去传统 3D 设计工具的工作模式，解放了设计师的双手和思维，告别了过去那种依靠鼠标和参数来创作的模式，完全尊重设计师的创作灵感和传统工作习惯。ZBrush 的诞生代表了一场 3D 设计的革命，它将三维设计中最复杂、最耗费精力的角色建模和贴图工作变得如小朋友玩泥巴那样简单有趣。设计师可以通过手写板或鼠标来控制 ZBrush 的立体笔刷工具，自由自在地随意雕刻自己头脑中的形象。至于拓扑结构、网格分布一类的烦琐问题都交由 ZBrush 在后台自动完成。ZBrush 是一个极其高效的建模器，它对优化编码进行了相当大的革新，并与一套独特的建模流程结合，可以让用户制作出令人惊讶的复杂模型。即使是高分辨率的模型，用户的任何雕刻动作都可以瞬间得到回应，还可以实时地进行不断的渲染和着色。ZBrush 细腻的笔刷可以轻易塑造出皱纹、发丝、青春痘、雀斑之类的皮肤细节，包括这些微小细节的凹凸模型和材质。ZBursh 不但可以轻松塑造出各种数字生物的造型和肌理，还可以把这些复杂的细节导出成法线贴图和展好 UV 的低模，这些法线贴图和低模可以被所有的大型三维软件，如 Maya、3DMax 等识别和应用。

（6）Substance Painter

Substance Painter 是一款贴图绘制软件，也是次时代游戏贴图绘制工具。该软件内置全新的 3D 贴图绘制程序和特色的粒子绘制工具，可通过粒子来模拟自然界中沙尘、磨损、水痕等效果，也可在物件上实现洒水、丢土以及火烧等逼真效果，可在模拟环境中随时查看最终绘制效果，及时修改，让 3D 模型的纹理创建变得十分简单和有效。Substance Painter 可以在三维模型上直接绘制纹理，避免了 UV 接缝造成的问题，功能非常强大。

（7）Unity 3D 和 Unreal Engine 4

Unity 3D 和 Unreal Engine 4 是主流的 VR 开发引擎，VR 应用的一些美术素材效果可以在 VR 开发引擎中制作。下面我们就来讲解在 Unity 3D 中制作地形（包括水、雾、天空盒等）。

3.4 Unity 3D 地形系统概述

地形作为游戏场景中必不可少的元素，作用非常重要。Unity 3D 有一套功能强大的地形编辑器，支持以笔刷方式精细地雕刻出山脉、峡谷、平原、盆地等地形，同时还包含了材质纹理、动植物等设计功能，可以让开发者实现游戏中任何复杂的地形。不可否认，可玩性是衡量一款游戏成功与否最主要的标准，这一点从《魔兽世界》的成功就可以看出。

玩家在玩一款游戏时，第一印象是非常重要的，第一印象决定了玩家是否想继续玩下去，在玩家玩下去的同时才能展现出游戏的可玩性。游戏的场景设计也是评价一款游戏的标准。场景涉及人物、地形以及各类型的建筑模型。大多数人物模型和建筑模型都是在 3ds Max、Maya 等专业的三维模型制作软件中制作出来的。

虽然 Unity 3D 也提供了三维建模，但还是相对简单，不过在地形创建方面 Unity 3D 已经相当强大，图 3-1 就是基于 Unity 3D 开发的游戏场景。创建地形的方法如下。

图 3-1

执行菜单“GameObject”→“3D Object”→“Terrain”命令，如图 3-2 所示，窗口内会自动产生一个如图 3-3 所示的平面，这个平面是地形系统默认使用的基本原型。

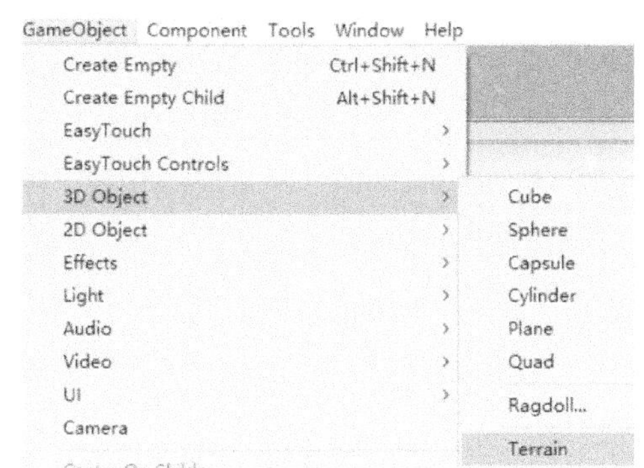

图 3-2

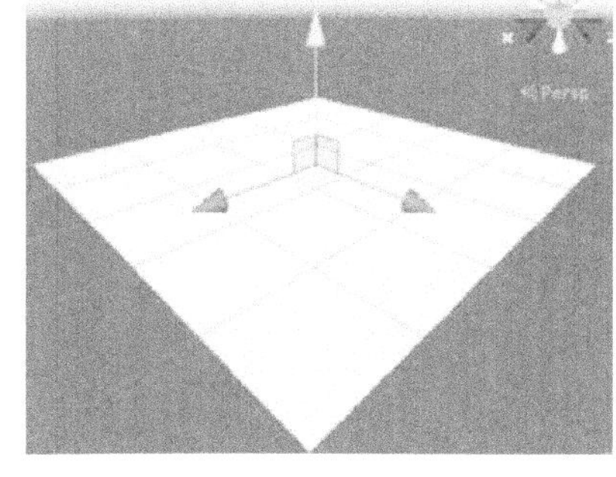

图 3-3

在 Hierarchy 视图中选择主摄像机，可以在 Scene 视图中观察到游戏地形。如果想调节地形的显示区域，可以调整摄像机或地形的位置与角度，让地形正对着我们。

Unity 3D 创建地形时采用了默认的地形大小、宽度、厚度、图像分辨率、纹理分辨率等，这些数值是可以修改的。

选择创建的地形，在 Inspector 视图中找到“Resolution”面板，如图 3-4 所示。“Resolution”面板各参数含义及功能如表 3-4 所示。

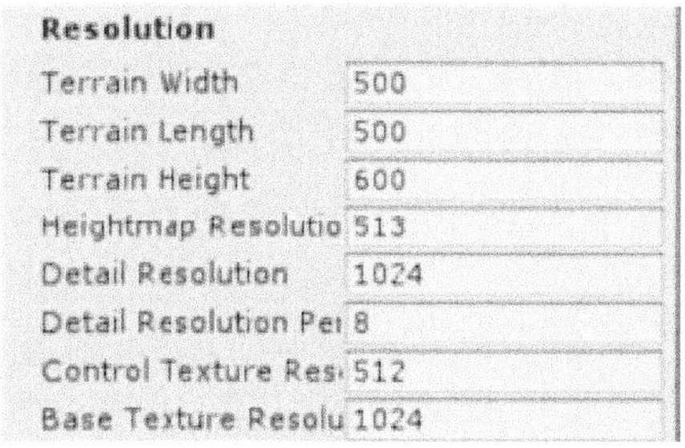

Resolution	
Terrain Width	500
Terrain Length	500
Terrain Height	600
Heightmap Resolutio	513
Detail Resolution	1024
Detail Resolution Pei	8
Control Texture Res	512
Base Texture Resolu	1024

图 3-4

在 Unity 3D 中编辑地形有两种方法：一种是通过地形编辑器编辑地形，另一种是通过导入一幅预先渲染好的灰度图来快速地为地形建模。

地形上每个点的高度被表示为一个矩阵中的一列值，这个矩阵可以用一个被称为高度图（Heightmap）的灰度图来表示。

灰度图是一种使用二维图形来表示三维高度变化的图片。接近黑色的、较暗的颜色表示较低的点，接近白色的、较亮的颜色表示较高的点。

表3-4 “Resolution”面板各参数的含义及功能

参数	含义	功能
Terrain Width	地形宽度	全局地形总宽度
Terrain Length	地形长度	全局地形总长度
Terrain Height	地形高度	全局地形允许的最大高度
Heightmap Resolution	高度图分辨率	全局地形生成的高度图的分辨率
Detail Resolution	细节分辨率	全局地形所生成的细节贴图的分辨率
Detail Resolution Per Patch	每个子地形块的网格分辨率	全局地形中每个子地形块的网格分辨率
Control Texture Resolution	控制纹理的分辨率	把地形贴图绘制到地形上时所使用的贴图分辨率
Base Texture Resolution	基础纹理的分辨率	远处地形贴图的分辨率

通常可以用 Photoshop 或其他三维软件导出灰度图，灰度图的格式为 RAW 格式，Unity 3D 可以支持 16 位的灰度图。

Unity 3D 提供了为地形导入、导出高度图的选项。单击“Settings Tool”按钮，找到标记为“Import RAW”和“Export RAW”的按钮，这两个按钮允许从标准 RAW 格式中导出或者导入高度图，并且兼容大部分图片和地形编辑器。

采用高度图创建地形

（1）案例构思

Unity 3D 中支持 RAW 格式的高度图导入。由于这个格式不包含诸如图像类型和大小信息的文件头，所以易被读取。

RAW 格式的文件相当于各种图片格式的“源文件”，它的转换是不可逆的。在 Photoshop 软件中可以使用滤镜功能制作高度图。本案例将在 Photoshop 中制作好的高度图导入 Unity 3D 系统，自动生成地形。

（2）案例实施

Step01　创建地形。执行“GameObject”→“3D Object”→“Terrain”菜单命令。

Step02　在 Inspector 视图中单击“Import Raw”按钮添加地形。

Step03　设置地形参数，如图 3-5 所示，具体参数含义如表 3-5 所示。

Step04　创建好后，单击“Play”按钮进行测试，即可观察到基于高度图创建出来的地形效果。

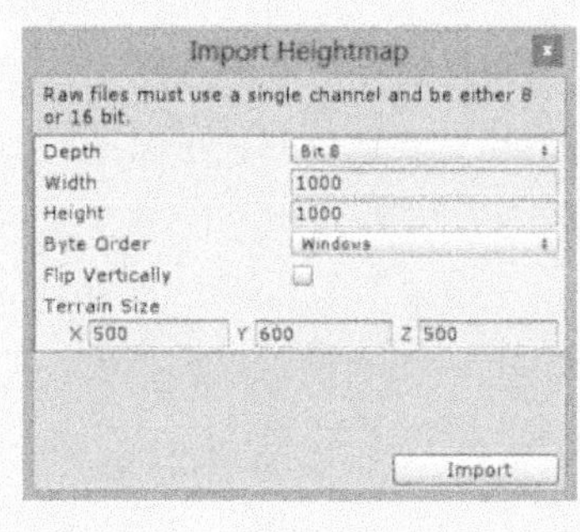

图 3-5

表3-5　地形参数的含义及功能

参数	含义	功能
Depth	深度	根据文件格式设置，可以是 8 位或 16 位
Width	宽度	设置高度图的宽
Height	高度	设置高度图的高
Byte Order	字节顺序	根据文件格式设置，可以是 Mac 或 Windows
Terrain Size	地形大小	定义地形的大小

3.5　Unity 3D 创建地形所用工具

在 Unity 3D 中，除了使用高度图来创建地形外，还可以使用笔刷绘制地形。

Unity 3D 为游戏开发者提供了强大的地形编辑器，通过菜单中的“GameObject”→“3D Object”→“Terrain”命令，可以为场景创建一个地形对象。

初始的地表只有一个巨大的平面。Unity 3D 提供了一些工具，可以用来创建很多地表元素。

游戏开发者可以通过地形编辑器来轻松实现地形以及植被的添加。

地形菜单栏一共有 7 个按钮，含义分别为编辑地形高度、编辑地形特定高度、平滑过渡地形、地形纹理绘制（地形贴图）、添加树模型、添加草与网格模型、其他设置，如图 3-6 所示，点击按钮可以激活相应的子菜单来对地形进行操作和编辑。

图 3-6

（1）地形高度绘制

在地形编辑器中，前 3 个工具用来绘制地形在高度上的变化。左边第一个按钮激活“Raise/Lower Height”工具（图 3-7），当使用这个工具时，高度将随着鼠标在地形上扫过而升高。如果在一处固定鼠标，高度将逐渐增加，这类似于图像编辑器中的喷雾器工具。如果在操作鼠标时按下 Shift 键，高度将会降低。不同的刷子（见图 3-7）可以创建不同的效果，例如创建丘陵地形时，可以通过“soft-edged”刷子进行高度抬升；而对于陡峭的山峰和山谷，可以使用“hard-edged”刷子进行高度削减。

左边第二个工具是“Paint Height”，类似于“Raise/Lower”工具，但多了一个属性“Height”（高度），用来设置目标高度，如图 3-8 所示。当在地形对象上绘制时，此高度的上方区域会下降，下方区域会上升。

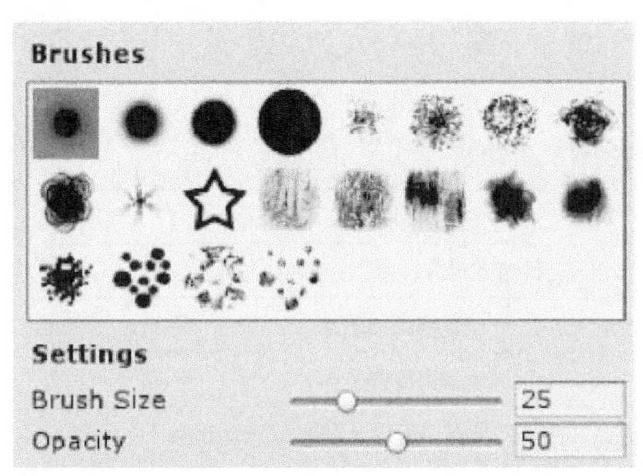

图 3-7

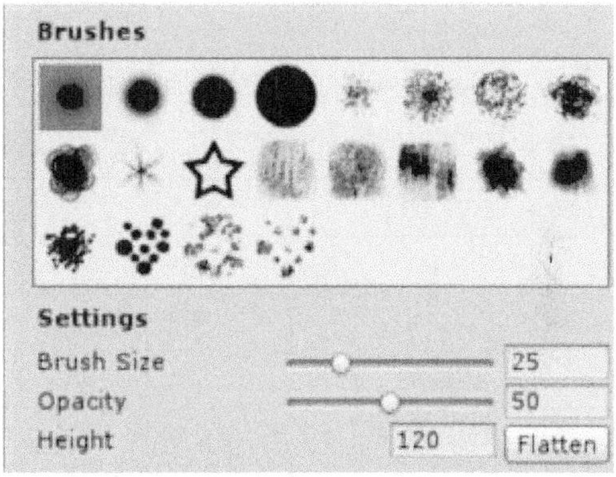

图 3-8

游戏开发者可以使用高度属性来手动设置高度，也可以在地形上使用 Shift 键 + 单击鼠标左键对鼠标位置的高度进行取样。在高度属性旁边是一个“Flatten”按钮，它简单地拉平整个地形到选定的高度，这对设置一个凸起的地平线很有用。

如果要绘制的地形包含高出水平线和低于水平线的部分，例如在场景中创建高原以及添加人工元素（如道路、平台和台阶），使用“Paint Height”都很方便。

左边第三个工具“Smooth Height”并不会明显地抬升或降低地形高度，但会平均附近的区域，这缓和了地形，降低了陡峭变化，类似于图片处理中的模糊工具（Blur Tool）。

Smooth Height 可以用于缓和地表上尖锐、粗糙的岩石。地形表面平滑工具“Smooth Height”参数含义及功能介绍如表 3-6 所示。

表3-6 地形表面平滑工具参数含义及功能

参数	含义	功能
Brushes	笔刷	设置绘制地形高度的笔刷样式
Setting	设置	设置地形表面相关参数
Brush Size	笔刷尺寸	设置绘制地形高度的笔刷大小
Opacity	不透明度	设置绘制地形高度的笔刷的不透明度
Height	高度	设置绘制地形的高度数值

（2）地形纹理绘制

在地形的表面可以添加纹理图片以创造色彩和良好的细节。

由于地形是巨大的对象，在实践中标准的做法是使用一个无空隙的（即连续的）重复的纹理，用它成片地覆盖表面，可以绘制不同的纹理区域以模拟不同的地面，如草地、沙漠和雪地。

绘制出的纹理可以在不同的透明度下使用，这样就可以在不同地形纹理间形成渐变，效果更自然。

地形编辑器左边第四个按钮是纹理绘制工具，单击该按钮并且在菜单中执行“Add Terrain Texture”命令，可以看到一个窗口，在其中可以设置一个纹理和它的属性（见图 3-9）。

添加的第一个纹理将作为背景使用并覆盖地形。如果想添加更多的纹理，可以使用刷子工具，通过设置刷子尺寸、透明度及目标强度（Target Strength）等选项，实现不同纹理的贴图效果，如图 3-10 所示。地形纹理绘制工具参数含义及功能如表 3-7 所示。

表3-7　地形纹理绘制工具参数含义及功能

参 数	含 义	功 能
Brushes	笔刷	设置绘制地形纹理的笔刷样式
Textures	纹理	设置绘制地形纹理图片样式
Settings	设置	设置纹理相关参数
Brush Size	笔刷尺寸	设置绘制纹理的笔刷大小
Opacity	不透明度	设置绘制纹理时笔刷的不透明度
Target Strength	目标强度	设置所绘制的贴图纹理产生的效果

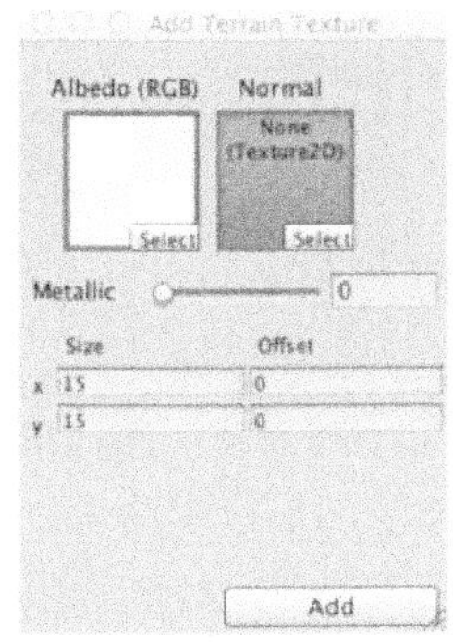

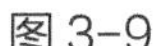
图 3-9

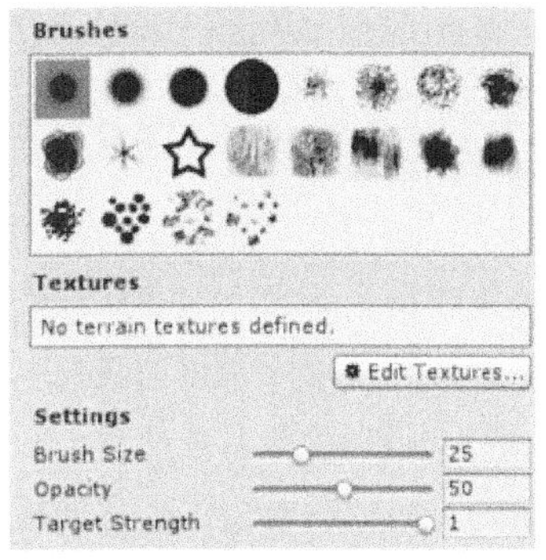

图 3-10

（3）树木绘制

Unity 3D 地形可以布置树木。可以像绘制高度图和绘制地形纹理那样将树木绘制到地形上，但树木是固定的、从表面生长出的三维对象。

Unity 3D 使用了优化（例如，对远距离树木应用广告牌效果）来保证好的渲染效果，所以一个地形可以拥有上千棵树组成的茂密森林，同时保持可接受的帧率。

单击“Edit Trees”按钮并且选择“Add Tree”命令，将弹出一个窗口，从中选择一种树木资源。选中一棵树后，可以在地表上用绘制纹理或高度图的方式来绘制树木，按住 Shift 键可从区域中移除树木，按住 Ctrl 键只绘制或移除当前选中的树木。树木绘制面板如图 3-11、图 3-12 所示。树木绘制工具参数含义及功能如表 3-8 所示。

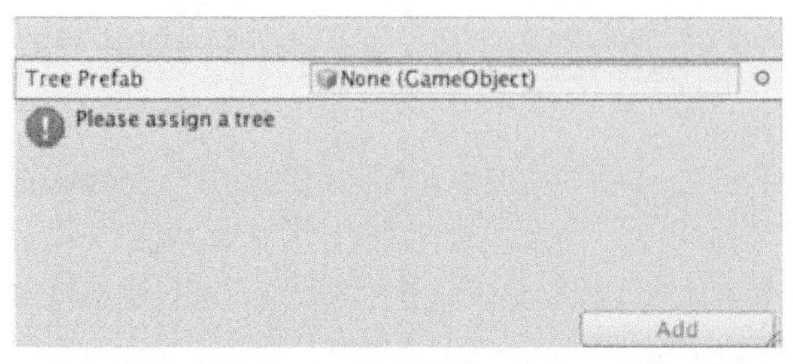

图 3-11

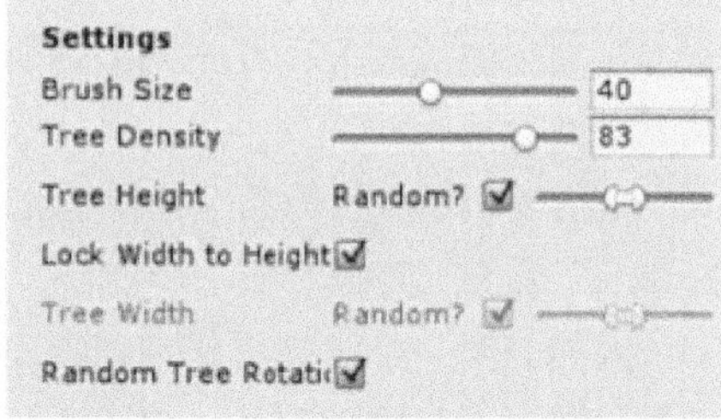

图 3-12

表3-8　树木绘制工具参数含义及功能

参数	含义	功能
Settings	设置	设置树木绘制相关参数
Brush Size	笔刷尺寸	设置绘制树时笔刷的大小
Tree Density	树木密度	设置树的间距
Tree Height	树木高度	设置树的高度，勾选“Random？”选项，可以出现树木高度在指定范围内随机变化的效果
Lock Width to Height	锁定树木的宽高比	锁定树木宽高比
Tree Width	树木宽度	设置树的宽度，勾选“Random？”选项，可以出现树木宽度在指定范围内随机变化的效果
Random Tree Rotation	树木随机旋转	设置树木随机旋转一定的角度

（4）草和其他细节

一个地形表面可以有草丛和其他小物体，比如覆盖在表面的石头。使用二维图像对草地进行渲染以表现草丛，而其他细节从标准网格中生成。

在地形编辑器中单击“Edit Details”按钮，在出现的菜单中将看到“Add Grass Texture”和“Add Detail Mesh”选项，选择“Add Grass Texture”，在出现的窗口中选择合适的草资源，在点击“Add Texture”后再点击弹出面板的“Select”按钮，如图 3-13 所示。草绘制工具参数含义及功能如表 3-9 所示。

表3-9　草绘制工具参数含义及功能

参数	含义	功能
Detail Texture	细节纹理	指定图片作为草的纹理
Min Width	最小宽度	设置草的最小宽度值
Max Width	最大宽度	设置草的最大宽度值
Min Height	最小高度	设置草的最小高度值
Max Height	最大高度	设置草的最大高度值

续表

参数	含义	功能
Noise Spread	噪波范围	控制草产生簇的大小
Healthy Color	健康颜色	设置草的健康颜色，此颜色在噪波中心处较为明显
Dry Color	干燥颜色	设置草的干燥颜色，此颜色在噪波中心处较为明显
Billboard	广告牌	草将随着摄像机同步转动，永远面向摄像机

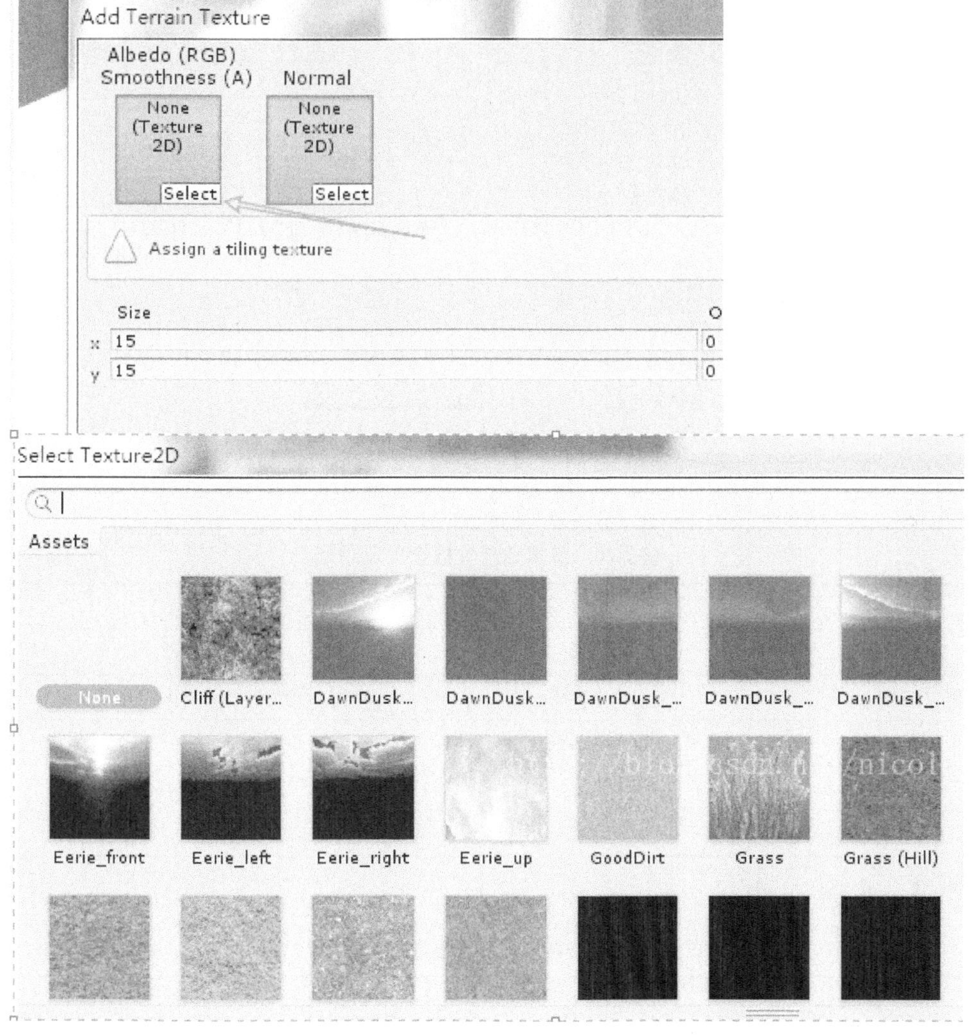

图 3-13

（5）地形设置

单击地形编辑器最右边的按钮可以打开地形设置面板，如图 3-14 所示，该面板用于设置地形。

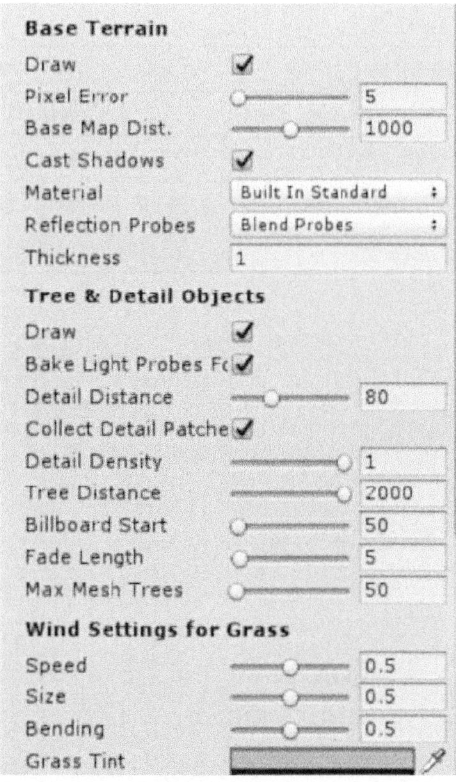

图 3-14

基本地形参数含义及功能如表 3-10 所示。

表3-10　基本地形参数含义及功能

参数	含义	功能
Draw	绘制	绘制地形
Pixel Error	像素容差	显示地形网格时允许的像素容差
Base Map Dist.	基本地图距离	设置地形高度的分辨率
Cast Shadows	投影	设置地形是否有投影
Material	材质	为地形添加材质

树和细节参数含义及功能如表 3-11 所示。

表3-11　树和细节参数含义及功能

参 数	含 义	功 能
Draw	绘制	设置是否渲染除地形以外的对象
Detail Distance	细节距离	设置摄像机停止对细节渲染的距离
Detail Density	细节密度	设置细节密度
Tree Distance	树木距离	设置摄像机停止对树进行渲染的距离

续表

参数	含义	功能
Billboard Start	开始广告牌	设置摄像机将树渲染为广告牌的距离
Fade Length	渐变距离	控制所有树的总量上限
Max Mesh Trees	网格渲染树木最大数量	设置使用网格形式进行渲染的树木最大数量

风参数含义及功能见表 3-12。

表3-12　风参数含义及功能

参数	含义	功能
Speed	速度	风吹过草地的速度
Size	大小	同一时间受到风影响的草的数量
Bending	弯曲	设置草跟随风弯曲的强度
Grass Tint	草的色调	设置地形上的所有草和细节网格的总体渲染颜色

（6）风域

地形中的草丛在运行测试时可以随风摆动，如果要实现树木的枝叶同现实中一样随风摇摆的效果，就需要加入风域。

执行“GameObject”→“3D Object”→“Wind Zone”菜单命令，创建一个风域，风域的参数如图 3-15 所示，风域参数含义及功能如表 3-13 所示。

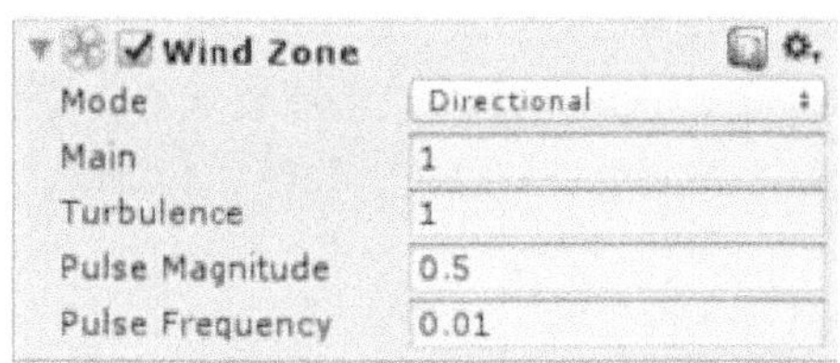

图 3-15

表3-13　风域参数含义及功能

参数	含义	功能
Mode	风域模式	设置风域模式：Directional 模式下整个场景中的树木都受影响；Spherical 模式下只影响球体包裹范围内的树木
Main	主风	设置主要风力，产生风压柔和变化
Turbulence	湍流	设置湍流风，产生一个瞬息万变的风压
Pulse Magnitude	波动幅度	定义风力随时间的变化
Pulse Frequency	波动频率	定义风向改变的频率

风域不仅能实现风吹树木的效果，还能模拟爆炸时树木受到冲击波的效果。

需要注意的是，风域只能作用于树木，对其他游戏对象没有效果。场景中不同模式下风域的参数设置如表 3-14 所示。

表3-14　不同模式下风域的参数设置

实现的效果	参数			
	Main	**Turbulence**	**Pulse Magnitude**	**Pulse Frequency**
轻风吹效果	1	0.1	1.0 或以上	0.25
强气流效果	3	5	0.1	1.0

3.6　Unity 3D 环境特效

一般情况下，要在游戏场景中添加雾特效和水特效较为困难，因为需要开发人员懂得着色器语言且能够熟练地使用它进行编程。

Unity 3D 游戏开发引擎为了能够简单地还原真实世界中的场景，其中内置了雾特效并在标准资源包中添加了多种水特效，开发人员可以轻松地将其添加到场景中。

需要注意的是，由于 Unity 3D 5.0 以上版本在默认情况下都没有自带的天空盒资源包，所以当需要使用天空盒资源时，需要人工导入天空盒资源包。

（1）水特效

在 Project 面板中右击，执行“Import Package”→“Environment”命令，导入环境包，在打开的窗口中选中 Water（Basic）文件夹，然后单击“Import”按钮导入，如图 3-16 所示。

导入完成后，找到 Water（Basic）文件夹下的 Prefabs 文件夹，其中包含两种水特效的预制件，可将其直接拖拽到场景中，这两种水特效功能较丰富，能够实现反射和折射效果，并且可以对其波浪大小、反射扭曲等参数进行修改，如图 3-17 所示。

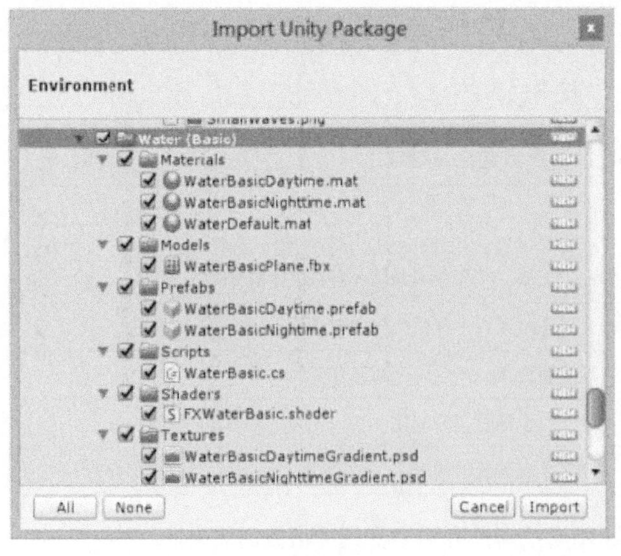

图 3-16

图 3-17

Water（Basic）文件夹下也包含两种基本水的预制件，基本水功能较为单一，没有反射、折射等功能，仅可以对水波纹大小与颜色进行设置。由于其功能简单，所以这两种水特效所消耗的计算资源很少，更适合移动平台的开发。

（2）雾特效

Unity 3D 集成开发环境中的雾有 3 种模式，分别为 Linear（线性模式）、Exponential（指数模式）和 Exponential Squared（指数平方模式）。这 3 种模式的不同之处在于雾特效的衰减方式。

场景中雾特效开启的方式是执行菜单栏“Window”→“Lighting”命令，打开“Lighting”窗口，在窗口中选中“Fog”复选框，然后在设置面板中设置雾的模式以及雾的颜色，如图 3-18 所示。

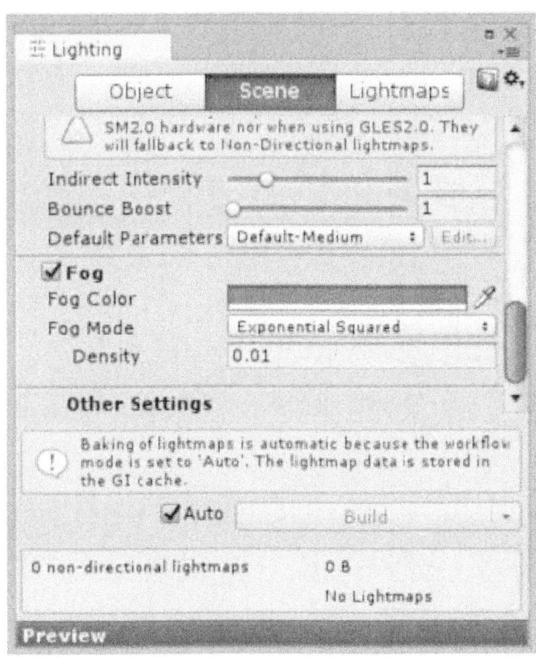

图 3-18

开启雾特效通常用于优化性能，开启雾特效后选出的物体被遮挡，此时便可选择不渲染距离摄像机较远的物体。

这种性能优化方案需要配合摄像机对象的远裁切面设置。通常先调整雾特效，得到正确的视觉效果，然后调小摄像机的远裁切面，使场景中距离摄像机较远的游戏对象在雾特效变淡前被裁切掉。雾特效参数含义如表 3-15 所示。

表3-15　雾特效参数含义

参数	含义
Fog Color	雾的颜色
Fog Mode	雾特效模式
Density	雾特效浓度，取值为 0 ～ 1

（3）天空盒

Unity 3D 中的天空盒实际上是一种使用了特殊类型 Shader（着色器）的材质，这种类型的材质可以笼罩在整个场景之外，并根据材质中指定的纹理模拟出类似远景、天空等效果，使游戏场景看起来更加完整。

目前 Unity 3D 中提供了两种天空盒供开发人员使用，其中包括六面天空盒和系统天空盒。这两种天空盒都会将游戏场景包含在其中，用来显示远处的天空、山峦等。

为了在场景中添加天空盒，在 Unity 3D 软件界面中，执行菜单“Window”→“Lighting”命令，可以打开渲染设置窗口，如图 3-19 所示。单击 Scene 页面 Environment Lighting 模块 Skybox 后面的选项设置按钮，出现材质选择对话框，双击即可选择不同材质的天空盒。

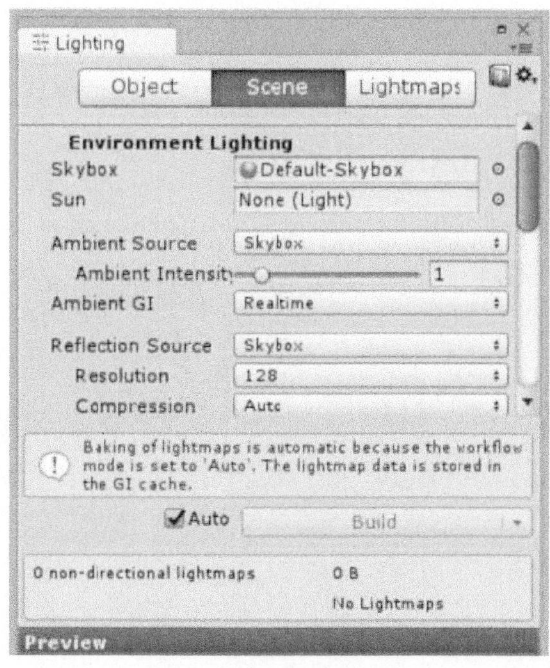

图 3-19

3.7 PBR 材质及工作流程

基于物理的渲染（physically based rendering，PBR）是指通过物理理论以特定维度的属性建模物体表面光色；PBR 遵循能量守恒定律，PBR 材质少了几个参数，但制造的真实感非常强烈。构建 PBR 材质的软件有 Subtance Designer（基于节点的构建工具）和 Substance Painter（直接在物体模型表面绘制的构建工具），后者更为直观。PBR 材质从以下几个属性描述：

① Albedo/BaseColorMap 表面漫反射色贴图。

② MetallicMap 金属度贴图。

③ RoughnessMap/SmoothnessMap 光滑度贴图。

④ NormalMap 法线贴图。可以用在低模物体表面以营造细节感，缺点是当视线与表面平行时，就失去了法线效果。

⑤ HeightMap 高度贴图。相比法线贴图，它直接对某些顶点进行位移，营造表面不平的真实感，但开销更大。

PBR 的工作流程一般如下：

在建模软件中：建模→展 UV →赋材质→命名→导出 FBX。

在 PBR 材质构建软件 Substance Painter 中：导入 FBX → Bake（烘焙）→编辑图层。

3.8 Prefab（预制体）

Prefab 是一种资源类型——存储在项目视图中的一种可反复使用的游戏对象，能够放到多个场景中，也能够在同一个场景中放置多次。当加入一个 Prefab 到场景中，就创建了它的一个实例，全部的 Prefab 实例链接到原始 Prefab，本质上是原始 Prefab 的克隆。不论项目中存在多少实例，仅仅对 Prefab 进行改动，全部 Prefab 实例都将随之发生变化。Prefab 非常常用。

（1）创建填充 Prefab

为了创建一个 Prefab，在 Project 视图中点击“Create”→“Prefab”（或点击导航菜单条“Assets”→“Create”→“Prefab”），此举将构造一个新的空白 Prefab，能够看到 Project 视图多了个灰色的小立方体，它就是创建的 Prefab。此时它还是空的，不包括游戏对象，因而不能创建它的一个实例。这个新的 Prefab 像一个空的容器，想要使用它必须用游戏对象的数据来填充它。填充 Prefab 仅仅需要在 Hierarchy 视图中选择要成为 Prefab 的游戏对象，然后拖动该对象到刚才创建的 Prefab 上就可以了。此时能够看见灰色的小立方体变成蓝色了，游戏对象和其全部子对象的数据就已经复制到了 Prefab 中。该 Prefab 能够在多个实例中反复使用，而 Hierarchy 视图中的原始游戏对象已经成为 Prefab 的一个实例。

假设选择了一个 Prefab 实例，并希望做能够影响全部实例的变化，点击 Inspector 视图中的“Select”按钮选择源 Prefab；假设想用新的重写属性值覆盖源 Prefab 和全部实例，可在 Inspector 视图中点击“Apply Button”。

（2）脚本实例化 Prefab（执行时实例化 Prefab）

在执行时，通过 Prefab 实例化复杂的游戏物体是非常方便的。能够用一行代码来实例化一个具有所有同样功能的 Prefab。能够非常简单地在 Scene 视图和 Inspector 视图中便捷地建立、调试和改动 Prefab。能够对 Prefab 进一步精加工却无须改变实例化它的代码。比如，一个简单的火箭可被改动为超级火箭，却无须改动什么代码。

Unity 3D 中 Object 类含有两个实例化函数：

```
static Object Instantiate(Object original, Vector3 position, Quaternion rotation);
static Object Instantiate(Object original);
```

实例化函数跟编辑器中的 Duplicate 命令相似，克隆游戏对象能够有选择性地指定位置和旋转，默认值是 Vector3.zero 和 Quaternion.identity。

（3）Prefab 的继承

继承是指任何时候当源 Prefab 发生变化时，这些变化将应用于全部已链接到该 Prefab 的游戏对象。假设加入一个新的脚本到该 Prefab，全部已链接到该 Prefab 的游戏对象都将立即包括该脚本。

改变一个单独实例的属性并同时保持链接完整是可能的。改变一个 Prefab 实例的任何属性，能够观察到属性变量名字变为粗体，如果该变量能够被重写，全部的重写属性不会受源 Prefab 变化的影响，这样就能够在保持 Prefab 链接不变的前提下改动 Prefab 实例，使它变得独一无二。

假设想用新的重写属性值覆盖源 Prefab 和全部实例，可在 Inspector 视图中点击“Apply Button”。注意，源的位置和旋转将不被应用，那样会影响到实例的绝对位置并把全部实例放在同一位置。子或根的祖先的位置和旋转将被应用，它们是相对根的 Transform 来计算的。假设想放弃对特定实例的全部覆盖更新，可点击“Revert Button”。

游戏中使用 Prefab 的好处是提高效率并节省空间。假设要创建一个需要反复使用的资源实例，应该将该资源实例制成一个 Prefab，步骤同创建 Prefab，仅仅只需拖拽资源文件到新建的 Prefab 就可以了。

（4）破坏与恢复 Prefab 链接

某些行为能够打破源 Prefab 和单个 Prefab 实例之间的链接，可是链接总是会被修复的。能够打破链接的行为有：加入或删除一个组件，加入或删除一个子对象。这些行为将给出链接打破的警告 / 确认消息。假设确认这种行为将会破坏链接同步，若要修复该链接，可在 Prefab 实例的 Inspector 视图中点击“Reconnect”或“Apply”。点击“Reconnect”将会丢弃与源 Prefab 的全部区别，而点击“Apply”将会将全部的更改复制到源 Prefab 中，因此其他的 Prefab 实例都会受到影响。

第3章思考练习题与答案

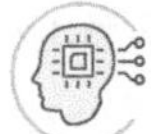

思考练习题

1. 在编辑场景时将 GameObject 设置为 Static 有何作用？

2. 如何在 Unity 3D 中创建地形系统？（　　）

A.“GameObject”→“3D Object”→“Terrain”

B.“Component”→“Create Terrain”

C.“Asset”→“Create Terrain”

D.“Windows”→“Create Terrain”

3. 以下哪种操作步骤可以在场景中添加“Wind Zone”？（　　）

A.“Terrain”→“Wind Zone”

B.“GameObject”→“Create other”→“Wind Zone”

C.“Component”→“Physics”→“Wind Zone”

D. “Assets” → “Create” → “Wind Zone”

4. 以下关于预制体的说法，错误的是（　　）。

A. 预制体是某个游戏对象的“范本”，其本质是一种资源

B. 修改预制体的属性不会影响通过该预制体创建的游戏对象

C. 通过预制体创建的对象在“Hierarchy”窗口中的名称显示为蓝色

D. 利用预制体可以很方便地在场景中复制出很多个相同的游戏对象

5. 以下说法错误的是（　　）。

A. 开发者可以在 Unity 的“Lighting”窗口自定义天空盒

B. 在场景中添加的第一个“Directional Light”对象会自动成为阳光或者月光，并在天空盒上渲染出表示太阳或者月亮的图案

C. 雾特效可以在 Unity 的“Lighting”窗口中设置

D. 添加了“Audio Listener”组件的物体用于合成场景中玩家听到的声音效果，同一个场景可以有多个具有“Audio Listener”组件的物体，不会发生冲突

6. 如何为一个 Asset 资源设定一个 Label，从而能够方便准确地搜索到？（　　）

A. 在 Project 视图操作窗口中选中一个 Asset，右键→“Create” → “Label”

B. 在 Project 视图操作窗口中选中一个 Asset，右键→ “Add Label”

C. 在 Project 视图操作窗口中选中一个 Asset，在 Inspector 窗口中点击添加“Label”的图标

D. 在 Project 视图操作窗口中选中一个 Asset，在 Inspector 窗口中点击按钮“Add Label”

7. 对于 Prefab，以下说法错误的是（　　）。

A. Prefab 资源可以在项目中多次重复使用

B. 由 Prefab 实例做出的 GameObject，其在 Hierarchy 视图中表现为蓝色

C. Prefab 上的组件信息一经改变，其实例做出的 GameObject 也会自动改变

D. 实例出的 GameObject 上的组件信息一经改变，其对应出的 Prefab 也会自动改变

8. Unity 3D 提供了几种光源，分别是什么？

9. 操作题

在 Unity 编辑器中使用刚学过的地形知识建立西北大漠戈壁地形，并导入嘉峪关城墙模型，建立一个西北风貌的旅游文化城，使用第一人称控制器实现漫游，视需要加入树木、水、光、天空盒等，越逼真越好。

第4章
Unity 3D脚本编程

本章素质技能目标

掌握常见 Unity 3D Scripting API，熟知脚本中不同种类及其方法，重点是熟知 MonoBehavior 类的生命周期，并能灵活应用相应方法以及 Input 类、Vector3 类的使用。培养细致的工作作风，了解脚本之间是一种协作关系，一个大的任务是由多个脚本分工协同完成的。在本章学习中再次强调分工协作意识以及独立性、责任心的培养。通过本任务学习，可以熟悉虚拟现实脚本编写的基础知识，并结合输入控制完成第一人称漫游效果。

如果用提线木偶打比方，用户手里握的木棍好比游戏手柄，木偶好比角色模型，而我们通过复杂的逻辑编程来织出一根根提线将木偶与那根木棍连起来。通过脚本编写赋予游戏生气与可玩性。脚本（script）就是承载在游戏对象上的指令代码片段，用于描述游戏对象在给定情况下的行为反应。

Unity 3D 一般指 Unity，是基于组件来进行开发的，开发过程就像搭积木，多数情况下使用 Unity 3D 提供的内置组件，脚本也是一种组件，是由用户编写的组件。

4.1 脚本的概念与作用

交互性是游戏的灵魂，游戏开发者通过对一系列静态的美术资源加上交互，使其对玩家的操控做出合理反应，从而使游戏活起来，于是游戏有了可玩性。笔者认为构成栩栩如生的互动画面有三个条件，一是将用户的操作控制传入的各种输入类硬件设备，二是 3D 角色的动画资源，三是连接美术资源与硬件控制的脚本控制器。其中，脚本居于核心地位。

脚本定义了场景中所有游戏对象对于操控的反应、自身行为规则，从而把场景中所有的一切整合在了一起。

早期，Unity 支持 3 种脚本编程语言——Boo（Python 变种）、Java 脚本以及 C#，但是随着 Unity 的版本更新，C# 慢慢地占据了开发的主要地位。

虽然从理论上来说，使用记事本也可以编写脚本，但需要开发者记住大量的语法特性，对于拥有大量的类和语法规则的 C# 语言，这么做无异于刀耕火种。为了提高编程效率，我们可以使用脚本编程集成开发环境（IDE），市面上口碑良好的 C# 集成开发环境（IDE）有 Visual Studio、MonoDevelop，前者功能强大，归微软所有，个人版可以免费使用，后者是个开源的 IDE，在 Windows、Mac 和 Linux 上都可以使用，而且从 MonoDevelop 2.2 版本开始，可以兼容 Visual Studio 的解决方案和项目文件，最为方便之处是它集成在 Unity 开发环境中作为默认开发编辑器，直至 Unity 2018，开始不再对它进行内置集成，所以如果您使用的是 Unity 2018 以前的版本，就可以使用内置的默认脚本编辑器 MonoDevelop，是非常好用的。Unity 2018 及其以后的版本建议使用 Visual Studio（VS）。另外，JetBrains 公司的 Rider 也是很不错的。脚本编辑器的好处在于它可以实现代码提示和 AutoComplete, 自动完成变量名、类名、关键字名的提示和自动补全，大大提高开发的效率，我们只需将精力放在编程逻辑上，不用去死记硬背那些类名和关键字名。

4.2 Unity 编程基础

在这门课之前我们都学过 C# 语言，限于篇幅，在这里对 C# 基础概念进行一个简要回顾。

（1）变量和数据类型

可以把变量看成是存储某个数据的临时储物箱，数据如同物品，大小不同。每个数据都应该有一个量身定制的储物箱，也就是变量的存储空间有大有小、规格各异，用术语来说就是变量的数据类型不同。存储一个人的年龄，比如 18，只需要很短的空间，但是要存储小数点后 18 位精度的圆周率，需要的空间就大了。所有的变量都有一个名字，是一个独特的标识符，用于标识说明变量里面存的数据，所以变量是一个符号名字以及指向所包含数据的容器空间。

变量有以下类型：数值、字符串、bool 值、数组、枚举和特定组件的变量。变量的使用遵循声明赋值三部曲，但有的时候声明和赋值可以在一句里完成。

常见变量类型有数值、字符串、bool 值、数组。变量是有作用域范围的。

枚举包含了一系列命名的标识，以及对应的值，使用它可以使代码容易阅读和理解，其声明方法和数组类似。特定组件的变量，比如使用 GetComponent< 组件变量名 > 时所给的 Rigidbody、Camera、Renderer 等。

（2）运算符、语句、函数、类、对象、方法、脚本模板

借助运算符，我们可以对各种数据进行处理和操作。运算符包括算数运算符、逻辑运算符等。

语句：

- 顺序语句：程序从上到下逐行地执行，中间没有任何判断和跳转。
- 条件分支语句：根据条件，选择性地执行某段代码，包括 if 语句、switch 语句等。
- 循环语句：根据循环条件，重复地执行某段代码，包括 for 语句、while 语句等。

函数：想要在某种特定条件下执行一段预先定义好的功能代码段，那么就可以把它定义成函数或者方法来重复调用。

类、对象、方法：C# 作为一门主流的面向对象编程语言，类、对象和方法这些概念是我们必须了解与掌握的。类是具有相同功能和属性的一组对象的归类，比如动物类、植物类；而方法是类的功能代码块，形式上与函数没有多少区别，但方法往往为某个类的实例对象所特有，在 Unity 中，每个脚本文件最后都会实例化为一个脚本组件对象，并且附着在某个游戏对象上。

创建脚本示例：在 Project 视图中右击，选择“Create”→“C# Script”命令，将这个脚本命名为“SampleClass”，双击，对其进行编辑，默认用 MonoDevelop 打开，并有如下的代码模板。要说明的是，在 Unity 中，这个脚本的类名要和文件名完全一致，而且这个类名要用 public 关键字来修饰，其他的几个修饰符为 private、protected 、internal 、protected internal，对于属性和方法，如果不指定修饰符，默认就是 private 类型，由此可知类默认继承自 MonoBehaviour 类。熟悉了以上基础知识，就可以开始编写脚本了。

```
using System.Collections;
using System.Collections.Generic;
using UnityEngine;

public class SampleClass : MonoBehaviour {
  void Start () {

  }

  void Update () {

  }
}
```

（3）脚本、MonoBehaviour 类及脚本的生命周期

在 Unity 中，脚本可以理解为附加在游戏对象上的用于定义游戏对象行为的指令代码，必须绑定在游戏对象上才能开始它的生命周期。脚本生命周期图如图 4-1。游戏对象可以理解为

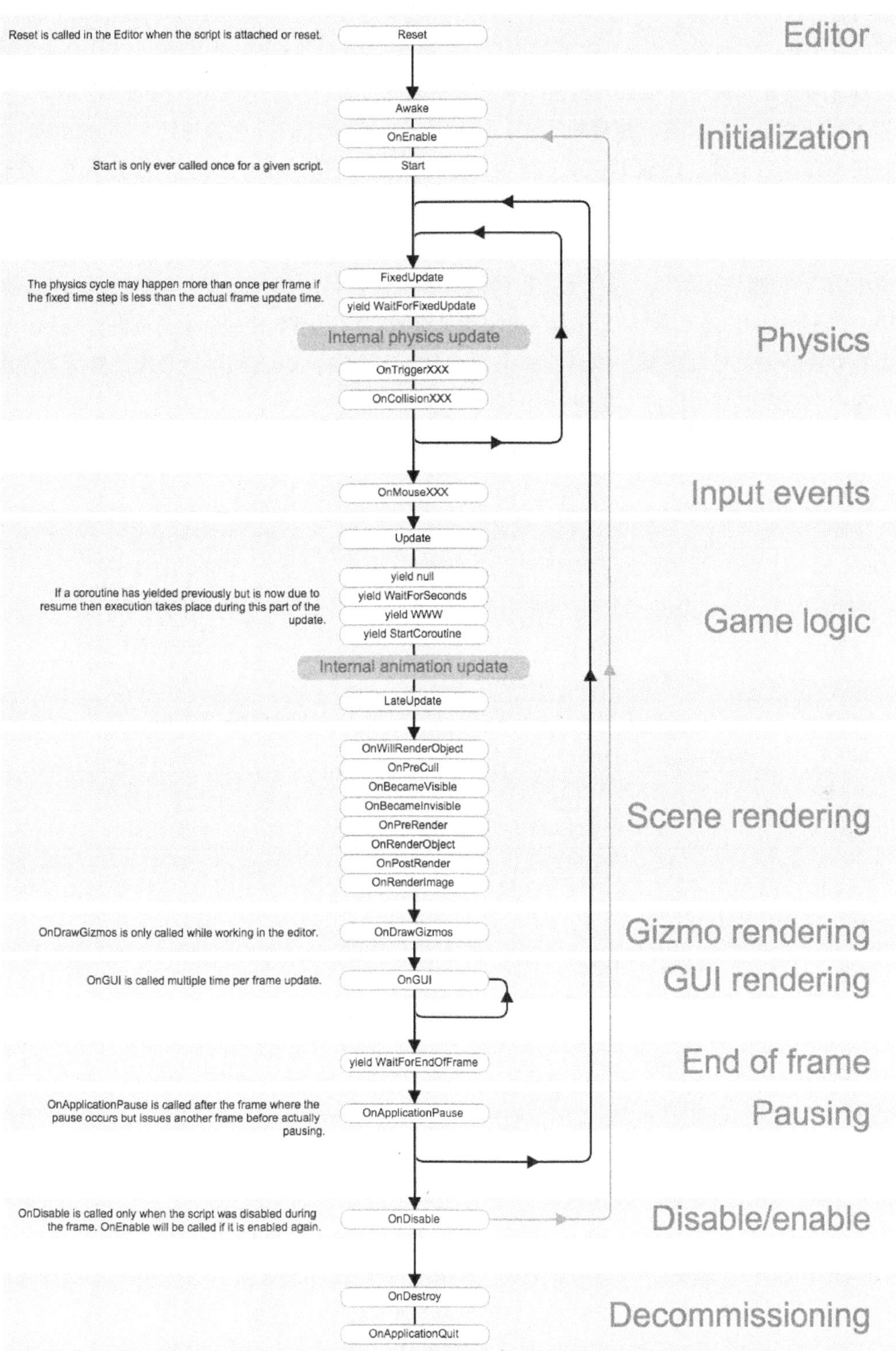
Editor
Reset is called in the Editor when the script is attached or reset.
Reset
Initialization
Awake
OnEnable
Start is only ever called once for a given script.
Start
Physics
The physics cycle may happen more than once per frame if the fixed time step is less than the actual frame update time.
FixedUpdate
yield WaitForFixedUpdate
Internal physics update
OnTriggerXXX
OnCollisionXXX
Input events
OnMouseXXX
Game logic
Update
If a coroutine has yielded previously but is now due to resume then execution takes place during this part of the update.
yield null
yield WaitForSeconds
yield WWW
yield StartCoroutine
Internal animation update
LateUpdate
Scene rendering
OnWillRenderObject
OnPreCull
OnBecameVisible
OnBecameInvisible
OnPreRender
OnRenderObject
OnPostRender
OnRenderImage
Gizmo rendering
OnDrawGizmos is only called while working in the editor.
OnDrawGizmos
GUI rendering
OnGUI is called multiple time per frame update.
OnGUI
End of frame
yield WaitForEndOfFrame
Pausing
OnApplicationPause is called after the frame where the pause occurs but issues another frame before actually pausing.
OnApplicationPause
Disable/enable
OnDisable is called only when the script was disabled during the frame. OnEnable will be called if it is enabled again.
OnDisable
Decommissioning
OnDestroy
OnApplicationQuit

图 4-1

能容纳各种组件的容器，游戏对象的所有组件一起决定了这个对象的行为和在游戏中的表现。每当要在 Unity 中创建一个新的 C# 脚本时，自动从 MonoBehaviour 类继承，于是这个对象脚本可以访问所有父类内置函数等已经继承而来的成员，如一些特殊变量，MonoBehaviour 控制着和碰撞检测、鼠标事件、摄像机事件、组件获取、对象比较等相关的绝大部分函数，以及一些在每帧都会得到调用或者在某个固定的时间点会调用的函数，这些都是实现游戏逻辑行为时所必需的。Unity 引擎通过 MonoBehaviour 类定义了脚本的生命周期，脚本生命周期里大概要按顺序自动执行 30 多个函数，以下是我们必须掌握和最有实用价值的：我们常常在 Start 方法中进行变量的初始化，它会优先得到执行并且只执行一次；Update 会在每秒内得到多次调用，这一切是由 Unity 脚本引擎内在机制所决定的；游戏脚本有一个生命周期，周期内有很多内置方法会按一个固定顺序执行（如果方法存在）。要学习好 Unity 就必须熟知脚本生命周期及其中的重要的常用事件（见表 4-1）。

表4-1　脚本生命周期及其中重要的常用事件

名称	触发时机	用途
Awake	脚本实例被创建时调用	对象的初始化，执行比 Start 还早
OnEnable	当对象变为可用和激活状态时调用	激活组件使之可用
Start	Update 函数第 1 次执行前调用	游戏对象的初始化
Update	每帧调用一次	更新游戏场景和状态
FixedUpdate	间隔固定微小的时间段调用一次	更新物理状态
LateUpdate	紧跟在 Update 后每帧调用	与相机有关的更新放在这里，比如说追踪
OnGUI	每帧内当需要更新图形界面事件发生时调用	用户界面元素的更新
OnDisable	对象进入不可用或失活状态时调用	灭活组件功能
OnDestroy	对象被销毁时调用	销毁对象

Awake：放入此函数中的代码会在脚本载入时得到调用，常用于做一些初始化工作。在脚本生命周期中只执行一次。

Start：执行得比较早，但是是在 Awake 之后执行，也是只执行一次，这里是另一个进行初始化或者对于常用组件的引用进行缓存的好地方。

Update：此函数中的代码每帧都会被调用，游戏运行中，时时需要更新或者监视的设备输入事件就放在此函数中。一般玩家的输入事件，键盘、鼠标、游戏杆的操作，角色的移动，物体的空间变化等的相关代码放在此函数中。

FixedUpdate：此函数会在每个固定时间段中得到调用（相比之下，Update 执行的时间长短不一），所以经常用于处理刚体对象的物理反应，比如砖块或者子弹受力后的速度与位移。

LateUpdate：每帧都会得到调用，只是它的执行晚于 Update 和 FixedUpdate，因此常用于更新相机运动，尤其是第三人称相机，以使追踪效果实时得到更新。

OnGUI：曾经的用户界面系统事件，现在仍然保留，响应界面上的用户控件，但在新的 UGUI 系统推出以后，它可以被替代了。

4.3 在 Unity 中使用 C# 进行面向对象的程序设计

学习过 Web 开发中的 HTML 语言可知，Web 前端开发课程中的 HTML 用于编辑超媒体文件 Web 文档，Unity 用于编辑虚拟现实游戏，两者看似相差很大，但两者在项目文件组织体系上有很大的一致性（见图 4-2），可以将 Unity 的 Hierarchy 视图对应理解成 HTML 的内容结构标签页。Unity 的 Hierarchy 视图，正如其名，它是有层次的，在这种层次树中一个游戏对象可以由下一级的游戏对象组合而成，反映了游戏项目中游戏对象的构成组合关系。HTML 的一个 div 中可以放入这样或那样的元素，正如 HTML 页面中有了诸多的标签来标记出丰富的页面内容一样，Unity 场景中有了这些游戏对象的加入，场景内容就更丰富了。HTML 页面装饰要靠 CSS 设置背景、色彩、阴影，Unity 中场景装饰要靠地形（terrain）、着色器（shader）、材质、纹理、灯光、相机特效等。在前端制作中，开发者要靠 JavaScript 实现页面元件触发回调函数的执行来进一步实现页面的动态表现以及交互，所以要写一个个的 Java 脚本片段或 js 文件；而在 Unity 中也要靠写一个个的 C# 脚本来定义场景中的游戏对象的动态表现以及交互。Unity 中可以引入插件，对应前端开发中的 JavaScript 功能插件模块，还有如 UGUI，读者可将之视为前端开发中的 jQuery UI。事件机制在前端页面活动中具有核心地位，在游戏场景中，无论是 GUI 设置还是游戏逻辑也都离不开事件，无论这种事件是用户注册调用还是由物理系统触发，其内在实现思想是高度一致的，都以节点 node.addEventLisner 的形式注册，类似于 HTML 文档中 JavaScript 的作用，使用 JavaScript 可以处理 HTML 文档节点。在 Unity 中场景是一个层次树，使用 C# 编程可以处理这个树上的元素（游戏对象），呈现出明显的面向对象编程特点，可以使用 C# 创建、修改、删除游戏对象，获取游戏对象并添加和修改其上附着的组件，并在游戏对象之间进行消息的广播与传送。Unity 的一项重要任务就是编写脚本来搜索场景中的对象，从而实例化对象、实例化玩家、实例化敌人、生成敌方角色、拾取能量棒、重定位玩家以及检测对象间的碰撞，一般要求预先获取 GameObject 的引用，Unity 为此提供了一系列相关函数，但这些函数的开销较大，所以只能放在 Start 和 Awake 等仅仅执行一次的函数中。

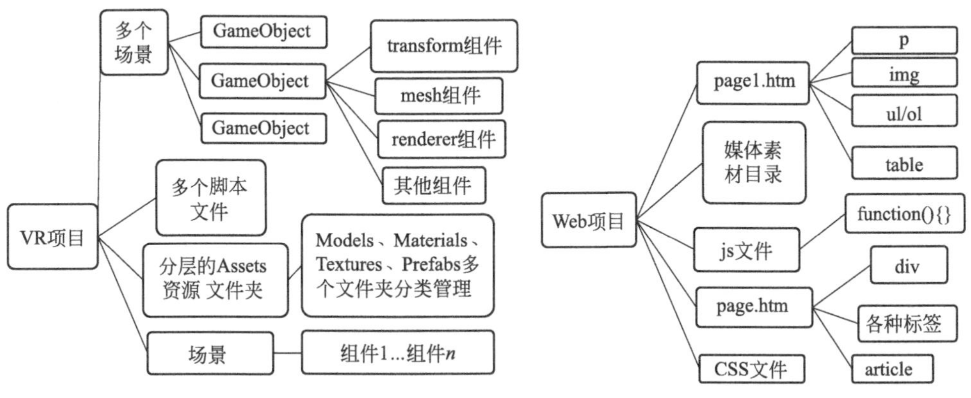

图 4-2

4.3.1 脚本访问场景中的游戏对象

（1）查找场景中的对象

Unity 的 GameObject 类提供了静态方法 Find 和 FindGameObjectsWithTag，用于查找场景中的对象，由于开销大，应该放在 Start 或者 Awake 函数中，前者是按名称来查找，后者是按标签来查找，所以我们应该在 Unity 编辑器的 ObjectInspector 中预先给物体设置好名字或添加自定义标签，以此作为根据进行查找。

此处函数执行字符串比较，并以此确定匹配的结果。

```
objHero=GameObject. Find( “Hero” );
```

如果对多个对象赋予了相同的标签，我们就可以在代码中通过标签高效地查找对象，示例如下：

```
using System.Collections;
using System.Collections.Generic;
using UnityEngine;

public class EnemyFinder : MonoBehaviour {
  public string TagName ="enemy";
  public GameObject[] FoundEnemys;

  void Start () {
    FoundEnemys=GameObject.FindGameObjectsWithTag(TagName);
  }
}
```

有时候关注点是场景中拥有某种特定类型组件的物体（比如查找含碰撞器组件的集合），那么就可以使用 Object.FindObjectsOfType<>() 泛形函数。具体地，若查找含碰撞器组件的集合，则用 Object.FindObjectsOfType<Collider>()。

（2）设置场景中对象父子关系

脚本可以访问对象的层次结构。虽然可以在编辑器中可视化地设置对象的层次关系，但是对于大量物体，使用代码来设置这种层次更为方便，如下代码可以将多个标签为 Kid 的物体绑定，作为名称为 father 物体的子对象，然后对 father 的子物体进行统计。

```
public class Parenter : MonoBehaviour
{
  //Reference to kid object in scene
  private GameObject[] Kids;
  //Reference to father object in scene
  private GameObject father;
  void Start ()
  {
     //Get father and child objects
     Kids = GameObject.FindGameObjectsWithTag("Kid");
     father = GameObject.Find("father");
```

```
        //Now parenter them
        foreach(GameObject kid in Kids){
            kid.transform.parent = father.transform;
        }
        // 使用 transform.childCount 访问直系子对象数目
        int kidsCount=father.transform.childCount;
        Debug.Log("Father 物体拥有 {0} 个子物体 .",kidsCount);
    }
}
```

（3）在场景中添加游戏对象

有两种方法，也就是创建基本几何体和实例化游戏对象。

① 创建基本几何体：使用 GameObject 的静态方法 CreatePrimitive，其定义为

public static GameObject. CreatePrimitive(PrimitiveType type);

例子：

```
public class Example : MonoBehaviour
{
    // Create a plane, sphere and cube in the Scene.
    void Start()
    {
      GameObject plane  = GameObject.CreatePrimitive(PrimitiveType.Plane);

      GameObject cube = GameObject.CreatePrimitive(PrimitiveType.Cube);
      cube.transform.position = new Vector3(0, 0.5f, 0);

      GameObject sphere = GameObject.CreatePrimitive(PrimitiveType.Sphere);
      sphere.transform.position = new Vector3(0, 1.5f, 0);

      GameObject capsule = GameObject.CreatePrimitive(PrimitiveType.
Capsule);
      capsule.transform.position = new Vector3(2, 1, 0);

      GameObject cylinder = GameObject.CreatePrimitive(PrimitiveType.
Cylinder);
      cylinder.transform.position = new Vector3(-2, 1, 0);
    }
}
```

② 实例化游戏对象：使用 GameObject 的静态方法 Instantiate，其定义为

public static Object. Instantiate(Object original, Vector3 position, Quaternion rotation);

例子：

```
public class ExampleClass : MonoBehaviour
{
    public Transform prefab;
    void Start()
    { //Instantiates 10 copies of Prefab each 2 units apart from each other
      for (int i = 0; i < 10; i++)
       {
```

```
            Instantiate(prefab, new Vector3(i * 2.0F, 0, 0), Quaternion
identity);
        }
    }
}
```

（4）修改场景中的游戏对象

比如更换材质、空间变换等比较基础的修改，可以使用 Transform. Translate 方法控制空间位移，Transform. Rotate 方法控制空间旋转，Transform. LocalScale 方法控制空间缩放，这些比较基础的内容留待漫游控制部分处再学习。

（5）删除场景中的游戏对象

使用 Destroy 方法可以删除游戏对象本身或者其上面的组件。

```
public class ScriptExample : MonoBehaviour
{
    void DestroyGameObject()
    {
        Destroy(gameObject);
    }

    void DestroyScriptInstance()
    {
        // Removes this script instance from the game object
        Destroy(this);
    }

    void DestroyComponent()
    {
        // Removes the rigidbody from the game object
        Destroy(GetComponent<Rigidbody>());
    }

    void DestroyObjectDelayed()
    {
        // Kills the game object in 5 seconds after loading the object
        Destroy(gameObject, 5);
    }

    // When the user presses Ctrl, it will remove the
    // BoxCollider component from the game object
    void Update()
    {
        if (Input.GetButton("Fire1") && GetComponent<BoxCollider>())
        {
            Destroy(GetComponent<BoxCollider>());
        }
    }
}
```

4.3.2 脚本访问组件

因为在 Unity 中，GameObject 本身就是各式各样组件的承载者，每个组件就是一种高效的自包含的脚本，互相独立，相互之间可以进行交互，在一个组件中可以访问另一个组件里面的变量，或者调用组件里面的函数。组件之间交互需要通信，可使用 SendMessage 和 BroadcastMessage 方法。我们可以在 a 物体的脚本组件中查找 b 物体，找到 b 物体的引用以后，对其调用 SendMessage（b 中公开的方法名），这样在 a 的脚本中就调用了 b 的脚本组件里的方法，当然也可以调用其 BroadcastMessage（b 及其子类中公开的方法名）或者 SendMessageUpwards（b 及其父类中公开的方法名）。

但是，当用户需要直接访问某一对象上特定的（心中明确其类型）单一组件时，往往使用更为常见的 GetComponent（获取组件）函数来获取这种匹配类型的组件，这样就可以直接访问该组件中 public 的变量，或者调用其中的相关方法。

获取组件函数使用频率很高，特别要说明的是，GetComponent 函数往往放在 Start 或者 Awake 中以提高效率。GetComponent 是个泛型方法，要写成：

```
GetComponent<组件名>()，如 cube1.GetComponent<Renderer>()
```

通过脚本为物体添加组件的写法为：

```
cube1 .AddComponent<AudioSource>()
```

禁用组件的写法为：

```
cube1. GetComponent<AudioSource>().enabled=false;
```

销毁组件的写法为：

```
Destroy(this.gameObject.GetComponent<AudioSource>()).
```

Invoke 方法：Invoke 方法是 Unity 的一种委托机制，其写法为

```
void Invoke(string methodName, float time);// 在 time 秒后，延迟调用方法
methodName。
```

如“Invoke（"SendMsg", 6);”它的意思是 6s 之后调用 SendMsg 方法。使用这个方法应注意，它应该在脚本生命周期里的 Start、Update、OnGUI、FixedUpdate、LateUpdate 中被调用；Invoke 不能接受含有参数的方法，在 Time.ScaleTime = 0 时，Invoke 无效，因为它不会被调用；Invoke 是 MonoBehaviour 里定义的，直接就可以随处写下“Invoke（"MethodName"）;”来对脚本中的其他自定义方法进行调用；Invoke 也支持重复调用，如“InvokeRepeating("SendMsg", 4, 3) ;”这个方法的意思是指 4s 后调用 SendMsg 方法，并且之后每隔 3s 调用一次 SendMsg 方法。

下面给出一个综合示例，展现脚本访问组件、查找场景中游戏对象、脚本复制对象等用途。

```
public class AccessSceneObj : MonoBehaviour
{
    Rigidbody rgd;
    void Start()
    {       //以下语句是访问组件的示例
        rgd = transform.GetComponent<Rigidbody>();
    }
    void OnGUI()
    {
        int i = 5;
        if (GUILayout.Button("Do You find?"))
        {
            if (rgd != null)
            {
                Debug.Log("You have got 刚体组件!!!!");
            }
            else
            {
                Debug.Log("You can not find刚体组件!!!!");
            }
        }
        //以下方法中使用到了查找和复制
        if (GUILayout.Button("预制体实例复制"))
        {
            GameObject.Instantiate(GameObject.Find("Enemy"), new Vector3(i++,
0, i++), Quaternion.identity);
        }
        if (GUILayout.Button("创建基本几何体"))
        {
            CreateManyCylinder(190);
        }
    }

    void CreateManyCylinder(int m)
    {
        float r = 50.0f;
        float dAngle = 2 * Mathf.PI / m;
        for (int i = 0; i < m; i++)
        { //以下语句会创建好多柱体然后使用语句安排其position以形成一个皇冠状
            GameObject go = GameObject.CreatePrimitive(PrimitiveType.
Cylinder);
            go.transform.position = (new Vector3(0, 0, 0)) + new Vector3(r *
Mathf.Cos(dAngle * i),
                r * Mathf.Cos(dAngle * i * 8), r * Mathf.Sin(dAngle * i));
        }
    }
}
```

4.4 必知的脚本知识

Unity 的应用程序接口（API）中提供了大量的类供用户编程时调用，有几个重要的类在此进行介绍。

4.4.1 Vector3 类

Vector3 是由引擎提供的一个结构，表示 3D 向量或点。此结构用来贯穿整个 Unity 3D 位置和方向的转换，也包括一般向量操作方法。

（1）构造函数 public Vector3(float x, float y, float z);

（2）普通方法 public void Set(float new_x, float new_y, float new_z);

（3）操作符

operator - 向量相减；

operator != 向量判等，返回 bool 值；

operator * 数乘；

operator / 数除；

operator + 向量相加；

operator == 向量判等，返回 bool 值。

（4）静态变量

back 代表（0，0，-1）;

down 代表（0，-1，0）;

forward 代表（0，0，1）;

left 代表（-1，0，0）;

one 代表（1，1，1）单位向量；

right 代表（1，0，0）;

up 代表（0，1，0）;

zero 代表（0，0，0）。

（5）静态方法（常用）

public static float Angle(Vector3 from, Vector3 to);

返回两向量间角度，不是弧度，数值不超过 180。

public static Vector3. ClampMagnitude(Vector3 vector, float maxLength);

限制向量 vector 长度为 maxLength，若 Vector3. ClampMagnitude > maxLegth, 返回值使向量缩小。

public static float Distance(Vector3 a, Vector3 b);

Distance 函数返回向量的距离，为 (a-b).magnitude。

public static float Dot(Vector3 lhs, Vector3 rhs);

两向量点乘，为（|a| * |b| * cos(angle)）。

public static Vector3. MoveTowards(Vector3 current, Vector3 target, float maxDistanceDelta);

current 向 target 移动，maxDistanceDelta 为每秒移动的距离。

public void Normalize();

取单位向量。

public static Vector3. Lerp(Vector3 from, Vector3 to, float t);

线性插值两个向量，t=0, 返回 from，t=1, 返回 to。一般采用 Vector3.Lerp(startPoint, endPoint, Time.deltaTime * xx) 实现平滑移动。

4.4.2 Quaternion（四元数）类

四元数位于 UnityEngine 命名空间，四元数是紧凑的，不受万向节锁限制，并且可以很容易地被线性插值（平滑动作）。Unity 在内部使用四元数来表示所有的旋转，四元数是基于复数的，并且不容易被直接地理解，不过我们几乎不用访问或单独地修改四元数参数（x,y,z,w）。大多数是使用现有的旋转来构造一些新的旋转。常用的 Quaternion 函数有：

Quaternion.LookRotation；

Quaternion.Angle；

Quaternion.Euler；

Quaternion.Slerp；

Quaternion.FromToRotation；

Quaternion.identity。

4.4.3 Random 类

Random 类可以用来生成随机数。其成员函数 Range 返回 min 和 max 之间的一个随机数，如果类型为 int，如“Random.Range(0,5);”那么取值范围为 [0,5)，可以取到 0，但是无法取到 5。如果类型为 float，如“Random.Range(0.0f, 5.0f);”那么取值范围为 [0,5]，可以取到 0，也可以取到 5。

4.4.4 C# 中的 IEnumerator（迭代器）类与 Unity 中的 Coroutine（协程）类

IEnumerator 是 C# 的一个迭代器，即编程中 iterator（迭代器）的概念，可以把它当成指向一个序列某个节点的指针。C# 提供了两个重要的接口方法，分别是 Current（返回当前指向的元素）和 MoveNext（将指针向前移动一个单位，如果移动成功，则返回 true）。迭代器是一个普通的接口类，基础迭代器是为了实现类似 for 循环对指定数组或者对象子元素逐个地访问而产生的。IEnumerator 定义：

```
public interface IEnumerator
  {
    object Current { get; }
```

```
        bool MoveNext();
        void Reset();
    }
```

通常，一个迭代器具备返回 IEnumerator 和使用 yield 关键字两个特征。

Unity 中 C# 脚本的基础是 MonoBehaviour 类，它的 Update 方法每个渲染帧都会被内核调用。协同程序在 Unity 中用来创建异步执行（并非当下立即执行）的方法，如异步加载资源、触发后延时爆炸等，也是定义在 MonoBehaviour 中，定义是：

```
    Coroutine StartCoroutine(IEnumerator routine)
```

它传入的参数必须是一个迭代器，通常是一个函数迭代器，如：

```
public IEnumerator MyFunction()
{

}
```

这个函数可以有参数，但是参数不能是 ref 和 out 类型的。它返回一个 Unity 内建的对象 Coroutine，通过 yield 关键字控制（协同程序）协程的运行，一个协同程序的执行可以在任何地方用 yield 语句来暂停，yield return 的值决定了什么时候恢复执行协同程序。通俗地讲，当“yield”一个方法时，相当于对这个程序说：“现在停止这个方法，然后在下一帧中，从这里重新开始！”“yield return 0”表示暂缓一帧，也就是让程序等待一帧，再继续运行。

需要一个返回值是 IEnumerator 的方法如 DelayOneSecondAction：

```
IEnumerator DelayOneSecondAction()
{
yield return new WaitForSeconds(1f); //理解成先等 1s，然后执行下面的代码
// do something
}
```

调用的时候使用

```
    StartCoroutine(DelayOneSecondAction());
```

4.4.5 Mathf 类

Mathf 是数学类，提供以下常用方法：

Abs：绝对值；

Clamp：把数值限制在规定的最小值和最大值之间；

Cos：余弦值；

Deg2Rad：角度转弧度；

Log：对数；

Max：最大值；

Min：最小值；

PI：圆周率

Pow(f,p)：f 的 p 次方；

Rad2Deg：弧度转角度；

Round：四舍五入；

Sin：正弦值；

Sqrt：计算平方根；

Tan：正切。

4.4.6 Time 类

在 Unity 中可以通过 Time 类来获取和时间有关的信息，可以用来计算帧速率，调整实际流失速度等。

（1）只读

Time.time：表示从游戏开始到现在的时间，并且会随着游戏的暂停而停止计算。

Time.deltaTime：表示从上一帧到当前帧的时间，以 s 为单位。我们对游戏物体通过输入进行移动控制时，常用速度乘以这个值来保证在硬件配置差异导致速度运行快慢不同的机器上，获得相同的移动效果。

Time.unscaledDeltaTime：不考虑 timescale 时与 deltaTime 相同，若 timescale 被设置，则无效。

Time.timeSinceLevelLoad：表示从当前场景开始时到目前为止的时间，会随着暂停操作而停止计算。

Time.unscaledTime：不考虑 timescale 时与 time 相同，若 timescale 被设置，则无效。

Time.fixedDeltaTime：表示以秒计间隔，以物理帧率和其他固定帧率进行更新，在 "Edit" → "ProjectSettings" → "Time" 的 "Fixed Timestep" 中可以自行设置。

Time.realtimeSinceStartup：表示自游戏开始后的总时间，即使暂停也会不断增加。

Time.frameCount：总帧数。

（2）可读可写

Time.fixedTime：表示以 s 计算游戏开始的时间，固定时间以定期间隔更新（相当于 fixedDeltaTime），直到达到 time 属性。

Time.SmoothDeltaTime：表示一个平稳的 deltaTime，为前 *n* 帧的时间加权平均值。

Time.timeScale：时间缩放，默认值为 1。若设置 <1，表示时间减慢，若设置 >1，表示时间加快，可以用来对游戏加速和减速。

Time.captureFramerate：表示设置每秒的帧率，不考虑真实时间。

4.4.7 Input 类

（1）Input——输入管理

要在 Unity 中对控制方式进行设置是非常方便的，在编辑器内部设置 Input 就可以。Unity 中支持大量的输入设备，如键盘、鼠标、游戏手柄、游戏杆，而且支持在一个游戏内部同时混合输入多种设备的控制信号，每一路游戏输入信号又称为一个输入轴（Axis），对应一种预定义的角色移动或者输入动作，这样玩家就可以选择自己喜欢的方式来玩游戏。每个游戏项目支持定义 17 个输入轴，能让我们控制足够多的角色动作，比如奔跑、跳跃、蹲下、射击、出拳、挥刀……打开 Unity 的输入管理器，其中每个轴都通过 15 项参数详细地定义了一个输入类型，如左右移动、前后移动、开火、跃起。

（2）虚拟轴定义

① Name：轴的名字，用于在输入程序时引用，如 Input.GetButton(“Jump”)。

② Descriptive: 正向方向描述，默认空白，但应该给予一个恰当的描述。

③ Button：正向、反向按钮和备选正向、反向按钮共 4 个，使用备选按钮可以将两个独立的控制方式定义在一个标签之下，比如玩家既可以使用 WASD 键又可以使用方向键来移动。

④ Gravity: 如果玩家停止输入，复位的速度，用于按键和鼠标。

⑤ Dead: 小于该值的输入值，都会被视为 0，用于摇杆。

⑥ Sensitivity(灵敏度): 对于键盘输入，该值越大响应速度越快，该值越小则越平滑。对于鼠标输入，设置该值会使鼠标的实际移动距离按比例缩放。

⑦ Snap（对齐）: 如果启用该设置，当轴收到反向的输入信号时，轴的数值会立即置为 0，仅用于键盘 / 鼠标 输入。

⑧ Invert（反转）: 启用该参数可以让正向按钮发送负值，反向按钮发送正值。

⑨ Type（类型）: 有 Key、Mouse Button、Mouse Move、JoyStick Axis 或 Window Movement。所有的按钮输入都应设置为“Key / Mouse”类型，对于鼠标移动和滚轮应设置为“Mouse Movement”，摇杆设置为“Joystick Axis”，用户移动窗口设置为“Window Movement”。

⑩ Axis（轴）: 此项控制由输入设备的每个轴来决定，设备的输入轴包括摇杆、按钮、手柄等，如 Xbox 手柄上就有 10 个以上的控制轴，而像 day dream controller 上面轴就少多了。

⑪ Joy Num（操控杆编号）: 设置使用哪个摇杆。默认是接收所有摇杆的输入。但是也可在这里指定接收某一个特定操纵杆，仅用于输入轴和非按键，取值介于 1-4。

（3）Input 类的方法

① GetAxis/GetAxisRaw：返回指定虚拟轴的值；

② GetButton/GetButtonDown/GetButtonUp：如果指定的虚拟按钮按下，返回 True；

③ GetKey/GetKeyDown/GetKeyUp：按下指定按钮；

④ GetMouseButton：指定鼠标按钮按下，返回 True；

⑤ GetTouch(index) 返回当前触控对象；

⑥ ResetInputAxis：使用这个函数可以重置所有输入，并把它们恢复到空或 0。

⑦ InputManager：打开此项，可配置虚拟轴。

例子：

```
void Update () {
     //Input.GetKeyDown(KeyCode.Space)
     Input.GetAxis("Horizontal");    //按左、右箭头或 A、D 键
     Input.GetAxis("Vertical"); //按上、下箭头或 W、S 键
     Input.GetAxis("Mouse X"); //检测鼠标左右移动
     Input.GetAxis("Mouse Y");//检测鼠标前后移动
```

```
    // 在移动设备上该怎么操控呢？ ------- 答案 Touch（触摸）
    if(Input.touchCount>0 &&  Input.GetTouch(0).phase==TouchPhase.Moved){
       Vector2 yidongliang = Input.GetTouch (0).deltaPosition;
       // 拿这个移动量来控制物体运动
      transform.Translate(yidongliang.x*speed , 0f ,yidongliang.y*speed);
    }
}
```

4.5 输入配置示例

下面对 Unity 的输入轴配置进行说明，见图 4-3 ～图 4-8，以最常见的游戏交互输入设备 Xbox 为例。

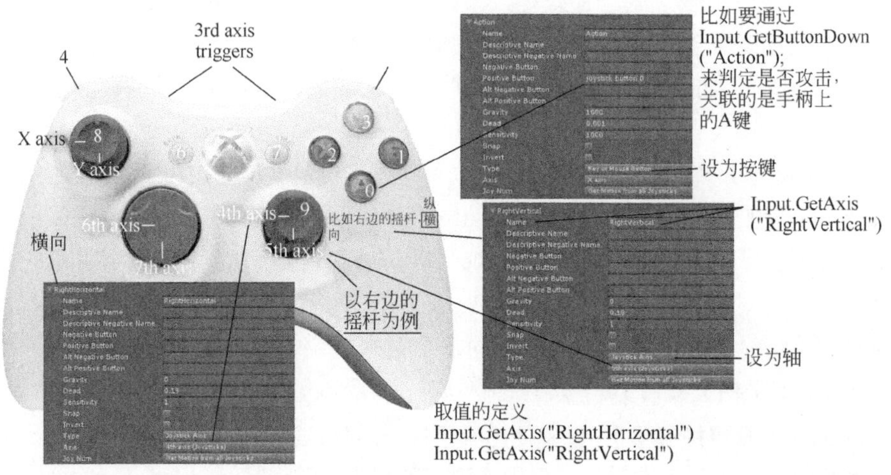

图 4-3

▼ Horizontal_L

Name	Horizontal_L
Descriptive Name	
Descriptive Negative Name	
Negative Button	left
Positive Button	right
Alt Negative Button	a
Alt Positive Button	d
Gravity	3
Dead	0.001
Sensitivity	3
Snap	☑
Invert	☐
Type	Key or Mouse Button
Axis	X axis
Joy Num	Get Motion from all Joysticks

Gravity：当不再按下此键的时候，该输入轴的数值会以Gravity的速度变为默认值，单位为每秒变化的单位数值

Dead：[盲区]，小于此值忽略不计

Snap：[对齐]，同时按下正向和负向按钮时该轴的值为空档

Joy Num：[手柄编号]，可以指定某个特定的手柄或者任意手柄(多手柄)

图 4-4

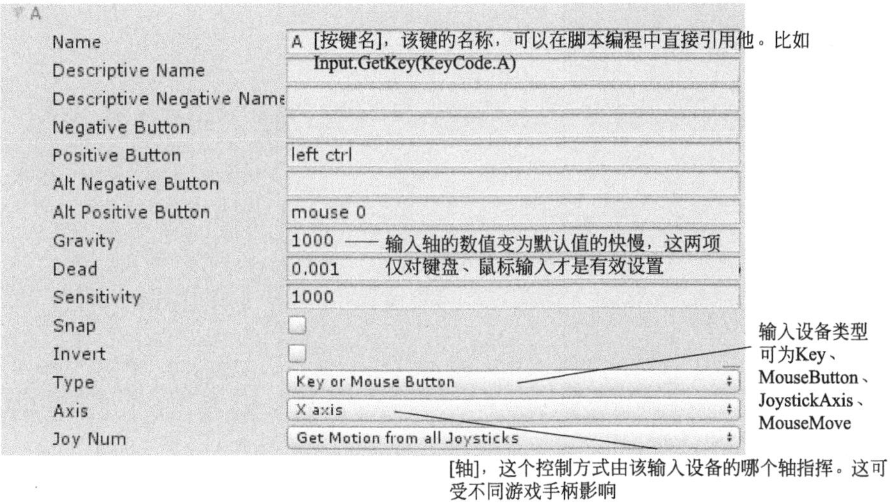

▼ A

Name	A
Descriptive Name	
Descriptive Negative Name	
Negative Button	
Positive Button	left ctrl
Alt Negative Button	
Alt Positive Button	mouse 0
Gravity	1000
Dead	0.001
Sensitivity	1000
Snap	☐
Invert	☐
Type	Key or Mouse Button
Axis	X axis
Joy Num	Get Motion from all Joysticks

[按键名]，该键的名称，可以在脚本编程中直接引用他。比如 Input.GetKey(KeyCode.A)

输入轴的数值变为默认值的快慢，这两项仅对键盘、鼠标输入才是有效设置

输入设备类型可为Key、MouseButton、JoystickAxis、MouseMove

[轴]，这个控制方式由该输入设备的哪个轴指挥。这可受不同游戏手柄影响

图 4-5

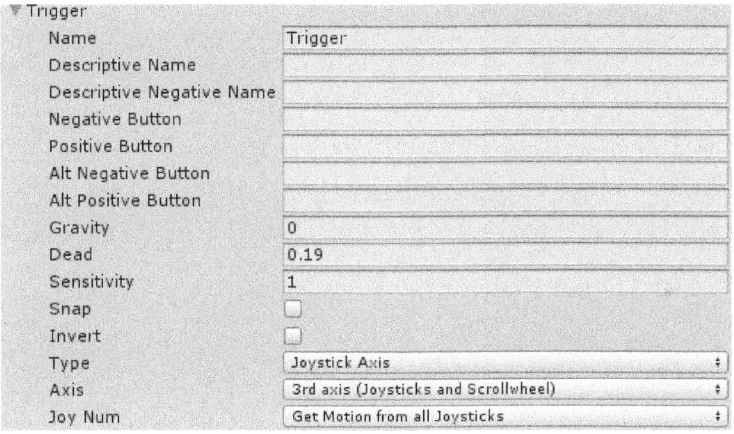

▼ Trigger

Name	Trigger
Descriptive Name	
Descriptive Negative Name	
Negative Button	
Positive Button	
Alt Negative Button	
Alt Positive Button	
Gravity	0
Dead	0.19
Sensitivity	1
Snap	☐
Invert	☐
Type	Joystick Axis
Axis	3rd axis (Joysticks and Scrollwheel)
Joy Num	Get Motion from all Joysticks

图 4-6

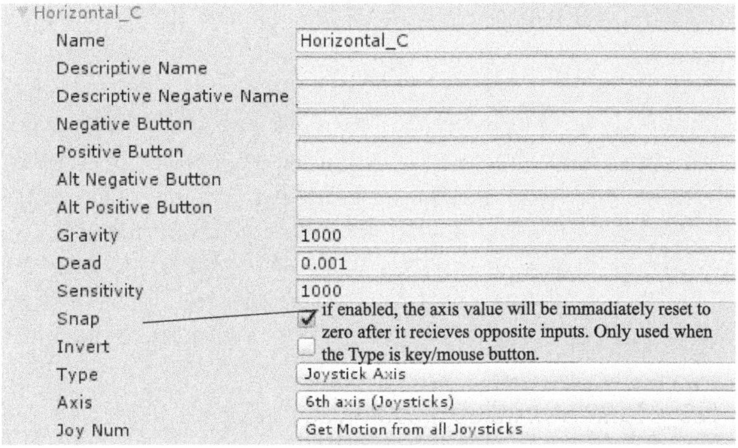

▼ Horizontal_C

Name	Horizontal_C
Descriptive Name	
Descriptive Negative Name	
Negative Button	
Positive Button	
Alt Negative Button	
Alt Positive Button	
Gravity	1000
Dead	0.001
Sensitivity	1000
Snap	☑
Invert	☐
Type	Joystick Axis
Axis	6th axis (Joysticks)
Joy Num	Get Motion from all Joysticks

if enabled, the axis value will be immadiately reset to zero after it recieves opposite inputs. Only used when the Type is key/mouse button.

图 4-7

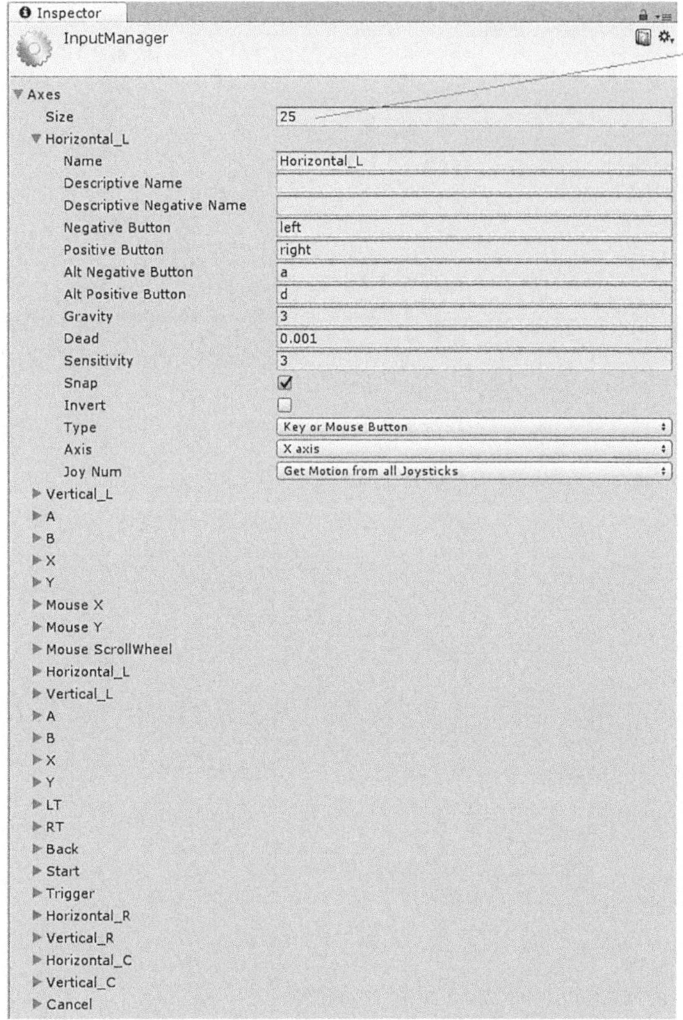

图 4-8

说明：1. 对于手柄上的“轴”键（就是线性开关，推动的力度不同效果不同，例如左右摇杆、扳机键），只能通过输入管理来处理：使用“Edit”→“Project Setting”→“Input”，先在Input面板中设定好Name和绑定的键位，然后写代码：Input.GetAxis("Horizontal_L")。

2. 对于手柄上的开关键（就是只有0/1两个状态的键），获取状态的方法有两种：

一是直接写代码Input.GetKey(KeyCode.Joystick1Button0)，二是使用输入管理器，选择Edit”→“Project Setting”→“Input”，先在Input面板中设定好Name和绑定的键位，然后写代码：Input.GetAxis("A")。

3. 如果只使用键盘输入，可以在代码中直接检测按键，例如Input.GetKeyDown(KeyCode.A)。

第4章思考练习题与答案

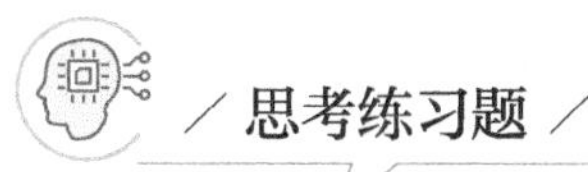

思考练习题

1. OnEnable、Awake、Start 运行时的发生顺序是什么？哪些可能在同一个脚本生命周期中反复地发生？

2. 请简述 private、public、protected、internal 的区别。

3. Unity3D 脚本从唤醒到销毁有着一套比较完整的生命周期，请列出系统自带的几个重要的方法。

4. 如何销毁一个 UnityEngine.Object 及其子类？

5. Unity 3D 中用于记录节点空间几何信息的组件名称及其父类名称是什么？

6. 向量的点乘、叉乘以及归一化的意义是什么？

7. ref 参数和 out 参数的定义是什么？有什么区别？

8. 简述四元数的作用以及四元数相对欧拉角的优点。

9. Unity 3D 的协程和 C# 线程之间的区别是什么？

10. 值类型和引用类型有何区别？

11. 四元数有什么作用？

12. 协同程序的执行代码是什么？有何用处？有何缺点？

13. 能用 forEach 遍历访问的对象需要实现的接口或声明方法的类型是什么？

14. 采用 Input.mousePosition 来获取鼠标在屏幕上的位置，以下表达正确的是（　　）。

A. 左上角为原点（0，0），右下角为（Screen.Width, Screen.Height）

B. 左下角为原点（0，0），右下角为（Screen.Height, Screen.Width）

C. 左下角为原点（0，0），右上角为（Screen.Width, Screen.Height）

D. 左上角为原点（0，0），右下角为（Screen.Height, Screen.Width）

15. 如何通过脚本来删除其自身对应的 GameObject？（　　）

A. Destroy(gameObject)　　B. this.Destroy()

C. Destroy(this)　　D. 其他三项都可以

16. 某个 GameObject 有一个名为 MyScript 的脚本，该脚本中有一个名为 DoSomething 的函数，如何在该 GameObject 的另外一个脚本中调用该函数？（　　）

A. GetComponent().DoSomething()　　B. GetComponent

C. GetComponent().Call(“DoSomething”)　　D. GetComponent

17. 以下选项中，正确的是（　　）。

A. Mathf.Round 方法作用是限制　　B. Mathf.Clamp 方法作用是插值

C. Mathf.Lerp 方法作用是四舍五入　　D. Mathf.Abs 方法作用是取得绝对值

18. 以下选项中，（　　）为将游戏对象绕 Z 轴逆时针旋转 90°。

A. transform.rotation = Quaternion.Euler(0,0,90)

B. transform.rotation = Quaternion.Angle(0,0,90)

C. transform.Rotate(new Vector3(0,0,90))

D. transform.Rotate(new Vector3(90,0,0))

19. 解释 Unity 3D 中的协程（coroutine）并举例说明。

20. 备份一个 Unity 项目要如何做？（　　）

A. 将场景文件打包备份

B. 将 projectSettings 文件夹打包备份

C. 将 assets 文件夹打包备份

D. 将 projectSettings 与 assets 文件夹打包备份

21. 以下不属于 Unity 中 GameObject 的是（　　）。

A. 灯光 light

B. 相机 camera

C. NullObject 空对象

D. RigidBody 刚体组件

22. 关于 Unity 脚本，以下说法错误的是（　　）。

A. 一个 Unity 脚本描述一个继承自“MonoBehaviour”类的子类

B. 脚本文件的名称可以和它所描述的类的名称不一致

C. 脚本中的“Start”函数会在项目开始运行时执行一次

D. 脚本中的“Update”函数会在项目运行时的每一帧执行一次

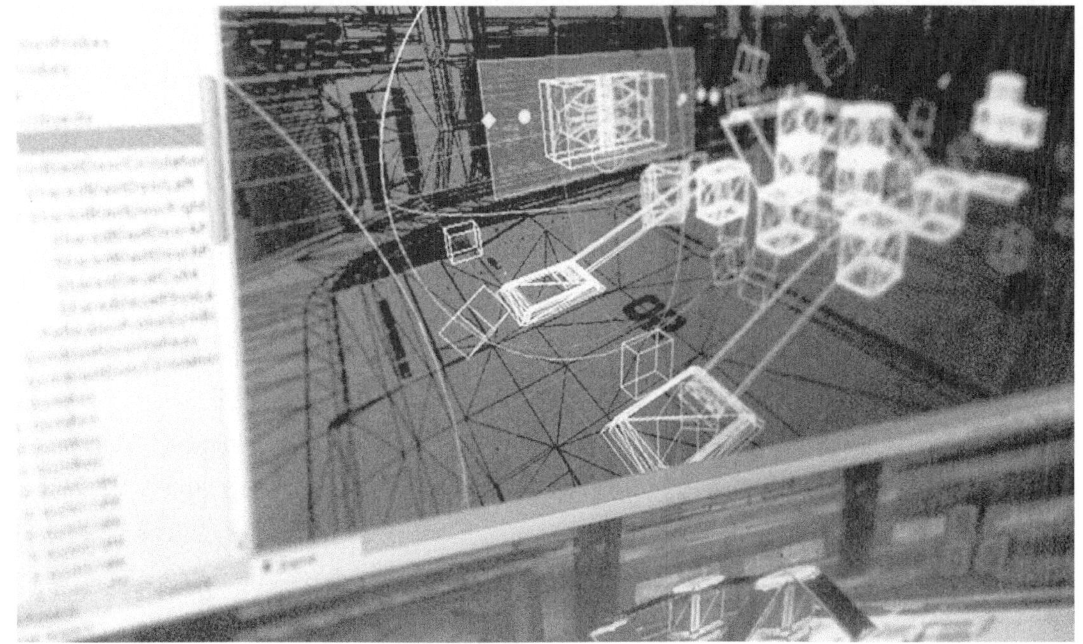

第5章 Unity 3D的物理引擎

本章素质技能目标

掌握 Unity 3D 中的物理引擎，重点掌握刚体、角色控制器、碰撞器、射线的使用。通过完成本章任务，可以制作出符合现实世界运动规律的充满真实感的场景，可以制作神舟飞船发射的物理模拟，完成从理论到实践的转换，了解 Unity 物理系统的重要性，热爱中国的航天事业。在学习物理系统过程中，重温哲学之自然辨证法、牛顿力学等近代物理的伟大成就，学习科技史，深刻领会科技是第一生产力的著名论断，进一步讨论我国近几十年来的经济发展、科技成就，增强爱国热情与自豪感。

对于一个优秀的游戏开发平台来说，除了友好的开发环境，还必须拥有一个完备的物理引擎系统。现实世界中的所有物体都遵循自然界的定律，要想达到模拟现实世界的物理效果，就需要使用物理引擎作为辅助。

Unity 内置了 NVIDIA 出品的 Physics 物理仿真引擎，在开发中只需要简单地操作就能够使物体按照物理规律进行运动。

5.1 物理引擎简介

Unity 内置的 NVIDIA 的 Physics 物理引擎，目前在世界上应用广泛，很多游戏作品都采用这个引擎。此引擎使用了硬件加速，因此运算速度快，还可以减轻 CPU 的负担。使用一款成熟的物理引擎，可以制作出逼真的物理互动效果，而又不需要用户去实现复杂的物理建模和编程。在 Unity 内置的 Physics 引擎中，常见的组件有 Rigidbody、Kinematic、Rigidbody、Static Collider、Character Controller、Spring、Cloth、Hinge Joint、CarWheel 几类。

5.1.1 RigidBody（刚体）组件

刚体组件用于模拟对象的物理效果，如车辆的撞击、炮弹的飞行、球类的反弹、火箭的发射等。需要注意的是要实现物体在空间位置上的物理变化，应该首先选用施加力，比如施加重力、扭力。使用刚体组件实现的物理效果会比单纯使用 Transform 组件真实得多。当施加了刚体组件，物理引擎模块会自动对物体在场景中的受力进行解算。还需要注意的是物理引擎的作用一般写在 FixedUpdate 中实现，而不是在 Update。另外，物体之间有父子层级关系时，不要给父和子物体同时都赋予刚体组件。添加刚体的方法是在 Inspector 面板中执行“AddComponent”→“Physics”→“Rigidbody”或者使用菜单命令“Component”→“Physics”→“Rigidbody”（见图 5-1）。

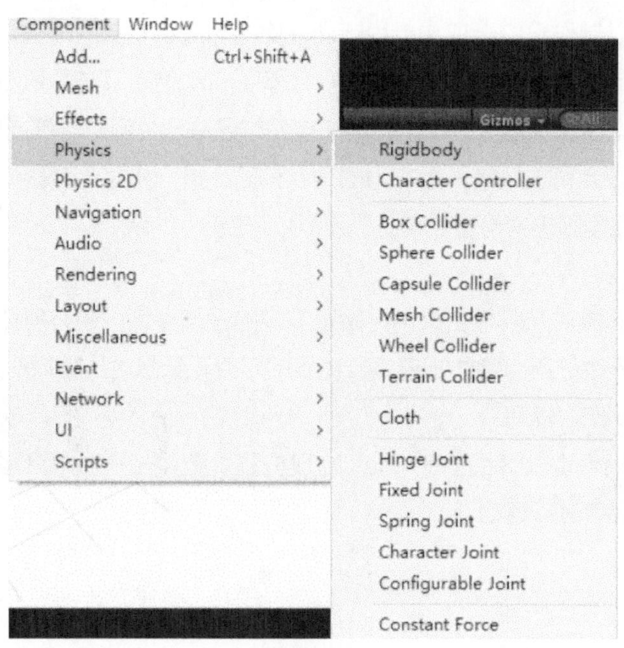

图 5-1

演示：编辑场景，新建一个球和一个方块，这里演示的是球掉落到方块上。

给球加上刚体（Rigidbody）组件，确保勾选了“Use Gravity”属性［因为球和方块都自带了碰撞器（Collider）所以就不用加了，如果没有则两个都要加上，Collider 类型根据物体选择］。点击播放，球体掉落在立方体上（见图 5-2）。

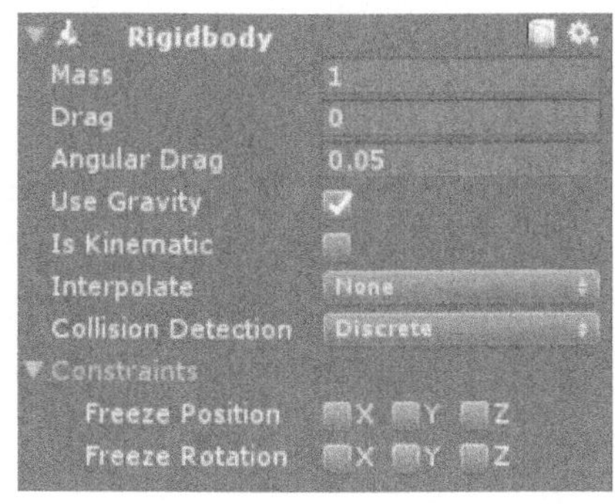

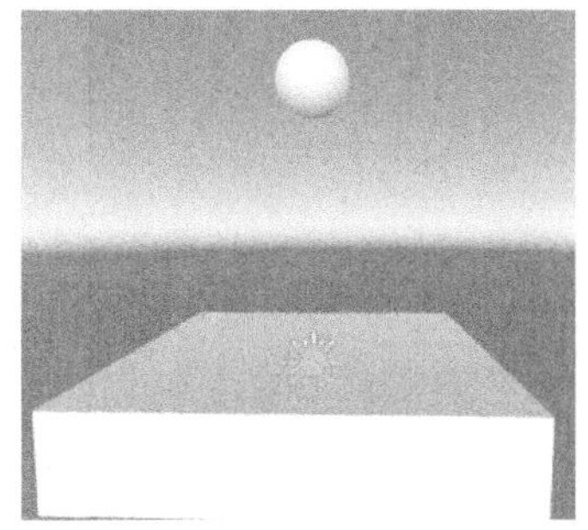

图 5-2

刚体主要属性说明见表 5-1。

表5-1　刚体主要属性说明

属性名	使用说明
Mass	质量，质量越大，惯性越大
Drag	阻力，来自空气阻力，物体越大越难动起来
Angular Drag	旋转阻力，同样来自空气阻力，阻碍物体的旋转
Use Gravity	重力效果开关，不勾选就不会受到重力影响
Is Kinematic	运动学状态开关，如果勾选，游戏对象就不会受物理引擎控制而用 Transform 对其控制
Interpolate	插值平滑，有 3 种平滑方式选项： None：不做插值平滑； Interpolate: 根据上一帧来设置平滑； Extrapolate: 根据对于下一帧的推算来设置平滑
Collision Detection	碰撞侦测精度设置，合理选择以防止快速移动的物体互相击穿： Discrete：离散侦测，默认项，设置此默认项则高速运动物体可能发生互相穿透； Continuous：连续侦测，对于高速运动物与静态物的碰撞选择此项； Continuous Dynamatic：连续动态侦测，对于高速运动物与上两种设置物的碰撞选此项
Constraints	约束，用于冻结物理作用导致的某个方向上的移动或旋转

5.1.2 Character Controller（角色控制器）组件

如果想制作一个类似人的角色那就使用角色控制器，角色控制器可以用于对第三人称和第一人称游戏主要角色或游戏中任何敌对角色的操作控制。由于不遵循物理规则，因此角色控制器不会受到力的影响（如在 Doom 中，游戏中角色奔跑的速度为 144km/h，然后马上停下而且可以极快地转身）。不过，角色控制器执行碰撞检测以保证角色可以沿着墙滑动、上下台阶等。角色控制器不受力影响（重力效果还是有的），但是可以被由代码施加的力推动。通常，所有类似人的角色都用角色控制器来控制。角色控制器本身不具有物理特性，因此如果想把真正的物理效果（如在绳上摇摆、被大石头推动）应用到角色，就必须用刚体，这会允许把铰链或力用到角色上。角色控制器永远沿 Y 轴对齐，如果角色需要在空间中改变方向也必须用到刚体（比如由变化的引力控制）。但是，要意识到调整一个刚体在角色上表现得自然是很难的，因为游戏角色总想表现自身的非物理特性。另一个困难是角色控制器可以从特定高度的台阶上平滑地滑下，而刚体不会。Character Controller 主要用于对第三人称或第一人称游戏主角的控制，不使用刚体物理效果（Character Controller 可通过刚体物理效果影响其他对象，但无法通过刚体物理效果被其他的对象影响）。

选中一个物体后，为其添加 Character Controller 组件。组件添加方法为，使用菜单命令“Component”→“Physics”→“Character Controller”（见图 5-3）。

角色控制器组件属性菜单见图 5-4，其属性说明见表 5-2。

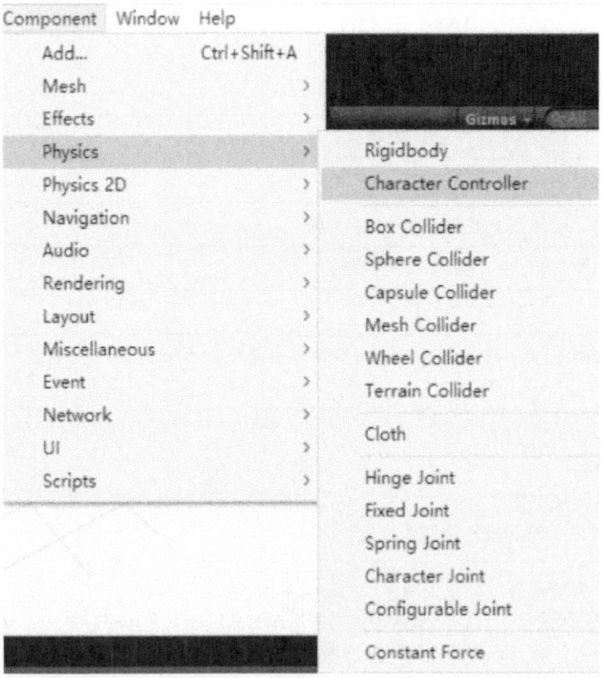

图 5-3

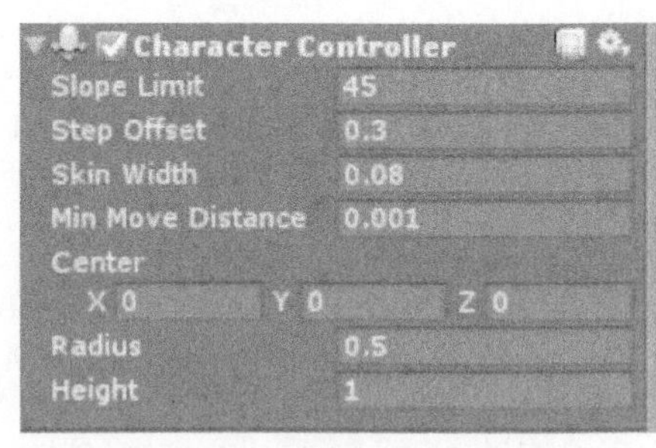

图 5-4

表5-2 角色控制器组件属性说明

属性名	使用说明
Slope Limit	斜坡受限，角色可正常行走的坡度极值，大于此值就无法上去
Step Offset	梯阶受限，角色可正常行走的楼梯台阶高度极值，大于此值就无法上去
Skin Width	皮肤厚，允许物体碰撞导致互相击穿的程度，此值太大会导致抖动，太小会导致卡住，设为 Radius 的 10% 比较合理，一般大于 1 cm

续表

属性名	使用说明
Min Move Ditance	最小移动距离，角色移动距离大于此值才显示移动效果，设置此值以减少抖动，设为 0.001 m 是一个合理值
Center	中心，物体所附的胶囊型碰撞体相对角色自身空间位置的偏移调校
Radius	半径，角色所附的胶囊型碰撞体横截面半径设置
Height	高度，角色所附的胶囊型碰撞体高度设置

5.1.3 Collider（碰撞体 / 器）组件

Collider 要与 Rigibody 一起添加到游戏对象上才能触发碰撞。两个刚体碰撞时，拥有碰撞体的对象才会计算碰撞，都没有碰撞体的两个刚体会彼此穿过，不会发生碰撞。其中，Box Collider 可调整为不同大小的长方体，可用作门、墙、平台，也可用作布娃娃的角色躯干或汽车等交通工具的外壳；Sphere Collider 的大小可以均匀地调节，但不能单独调节某个坐标轴方向的大小，可用作落石、球类等游戏对象，该碰撞体的高度和半径可单独调节；Capsule Collider 可用作角色控制器或与其他不规则形状的碰撞结合使用（Uinty 中角色控制器中通常内嵌胶囊碰撞体）；Mesh Collider（网格碰撞体）通过获取网格对象并在其基础上构建碰撞，与在复杂的网格模型上使用基本碰撞体相比，网格碰撞体要更加精细，但会占用更多的系统资源（开启 Convex 参数的网格碰撞体才可以与其他的网格碰撞体发生碰撞）；Wheel Collider（车轮碰撞体）是一种针对地面车辆的特殊碰撞体，它内置有碰撞检测、车轮物理系统及滑胎摩擦的参考体，除了车轮，该碰撞体也可用作其他的游戏对象。

发生物理碰撞的必要条件是什么呢？总结如下：

① 两个物体都必须带有碰撞盒。

② 至少有一个物体带有 Rigidbody 组件。

③ 两个物体要发生相对位移。

表 5-3 为 Unity 物理碰撞条件表（碰撞后有碰撞检测并有碰撞信息发出）。

表5-3 Unity物理碰撞条件表

碰撞体类型	静态碰撞体	刚体碰撞体	运动刚体碰撞体	静态触发碰撞体	刚体触发碰撞体	运动刚体触发碰撞体
静态碰撞体	—	是	—	—	—	—
刚体碰撞体	是	是	是	—	—	—
运动刚体碰撞体	—	是	—	—	—	—
静态触发碰撞体	—	—	—	—	—	—
刚体触发碰撞体	—	—	—	—	—	—
运动刚体触发碰撞体	—	—	—	—	—	—

添加 Collider 组件的方法：“Component” → “Physics” → “××× Collider”（此处 ××× 指代具体 Collider 名），如图 5-5 所示。

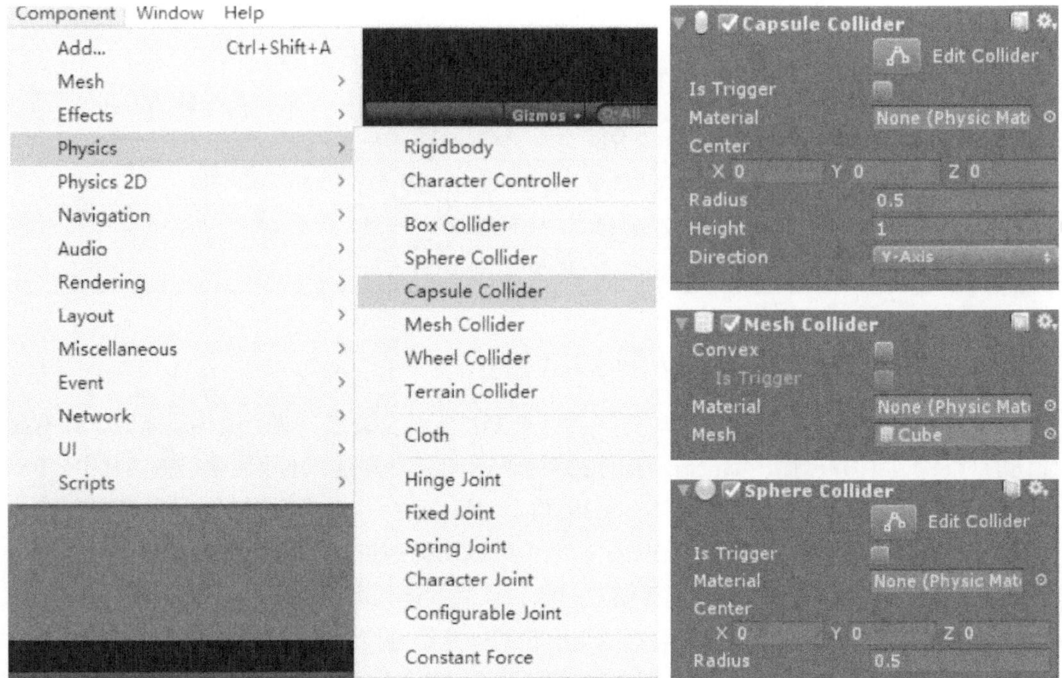

图 5-5

各种碰撞器组件属性汇总（5 种碰撞体，斜体字部分为车轮碰撞体特有）见表 5-4。

表5-4 碰撞器组件属性汇总表

<table>
<tr><th>属性名</th><th colspan="2">使用说明</th></tr>
<tr><td>Is Trigger</td><td colspan="2">触发器开关，勾选后该碰撞器只用于触发事件，忽略一切物理反应</td></tr>
<tr><td>Material</td><td colspan="2">材质，碰撞器所使用的物理材质</td></tr>
<tr><td>Center</td><td colspan="2">中心，碰撞器在对象局部坐标系中的位置（所有碰撞器）</td></tr>
<tr><td>Size（X，Y，Z）</td><td colspan="2">大小，碰撞器各轴向尺寸大小（Box Collider）</td></tr>
<tr><td>Radius</td><td colspan="2">半径，碰撞器半径设置（Sphere Collider，Capsule Collider）</td></tr>
<tr><td>Height</td><td colspan="2">高度，碰撞器高度设置（Capsule Collider）</td></tr>
<tr><td>Direction</td><td colspan="2">方向，胶囊碰撞体轴向朝向，默认 Y 轴（Capsule Collider）</td></tr>
<tr><td>Mesh</td><td colspan="2">网格，使用对象网格形状作为碰撞体（Mesh Collider）</td></tr>
<tr><td>Convex</td><td colspan="2">凸起，勾选后会与其他网格碰撞体发生碰撞（Mesh Collider）</td></tr>
<tr><td>Mass</td><td colspan="2">质量，轮胎质量大小（Wheel Collider）</td></tr>
<tr><td>Distance</td><td colspan="2">悬挂距离，此项用于设置车轮碰撞体悬挂的最大伸展距离，依局部坐标来计算并沿 Y 轴延伸向下（Wheel Collider）</td></tr>
<tr><td rowspan="3">Suspension Spring</td><td rowspan="3">悬挂弹簧
（Wheel Collider）</td><td>Spring：弹力，使轮胎能恢复到目标位置的弹力大小</td></tr>
<tr><td>Damper：阻尼，控制悬挂速度</td></tr>
<tr><td>Target Position：目标位置，0 表示悬挂完全伸展，1 表示完全压缩</td></tr>
</table>

续表

属性名	使用说明	
Forward Friction	轮胎的前向摩擦（Wheel Collider）	Extremum Slip：曲线的滑动极限值
		Extremum Value：曲线的极限值，默认值为 1
		Asymptote Slip：曲线的滑动渐近值
		Asymptote Value：曲线的渐近值，默认值为 1
		Stiffness Factor：刚度系数，模拟各种地面
Sideways Friction	轮胎的侧边摩擦（Wheel Collider）	Extremum Slip：曲线的滑动极限值
		Extremum Value：曲线的极限值，默认值为 1
		Asymptote Slip：曲线的滑动渐近值
		AsymptoteValue：曲线的渐近值，默认值为 1
		Stiffness Factor：刚度系数，模拟各种地面

5.1.4 Constant Force（恒定力）组件

Constant Force 用来为刚体添加恒力，适用于类似火箭发射等中的刚体，根据 $F=ma$，可使这类对象的速度不断提升。

选中一个物体后，为其添加 Constant Force 组件，添加方法为使用菜单命令 “Component” → “Physics” → “Constant Force”（见图 5-6）。

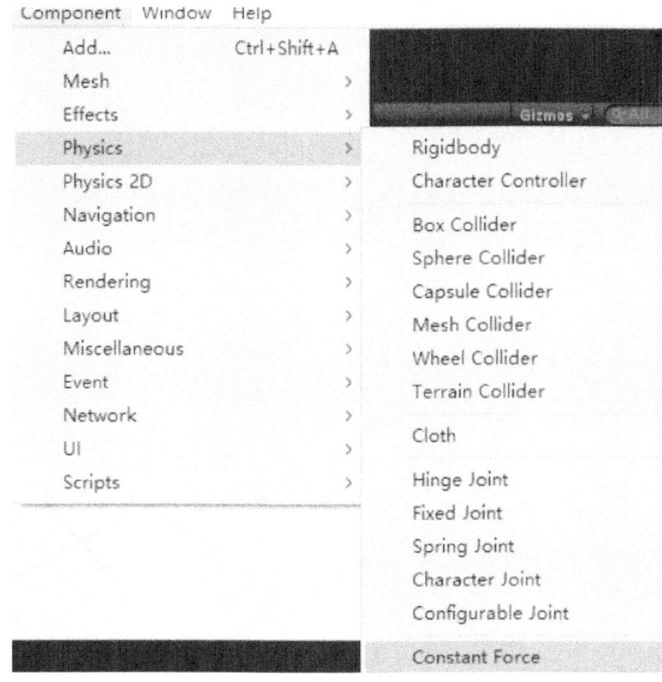

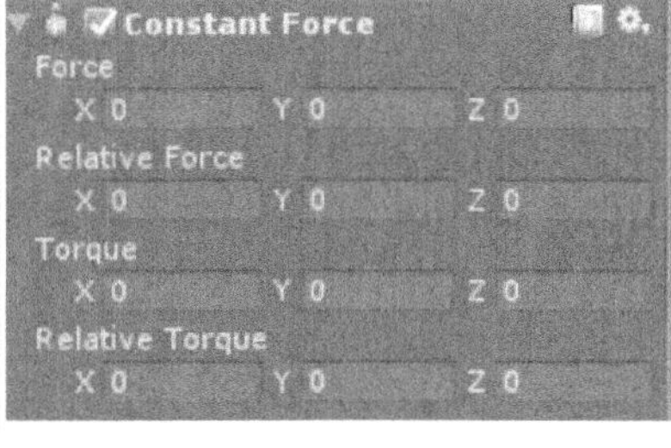

图 5-6

恒定力组件属性说明见表 5-5。

表5-5　恒定力组件属性说明

属性名	使用说明
Force	力，沿世界坐标系某轴给对象施加大小恒定的作用力
Relative Force	相对力，沿对象自身的某个轴向添加一个力，使其沿该轴移动
Torque	转矩，沿世界坐标系的某个轴向添加相对转矩，使其绕轴转动
Relative Torque	相对转矩，沿对象自身的某个轴向添加相对转矩，使其旋转

5.1.5　Joint（关节）组件

关节用于模拟物体与物体之间的连接关系，关节必须依赖于刚体组件。关节组件可以添加到多个游戏对象中，关节又分为 3D 类型的关节和 2D 类型的关节（本节讲述 3D 关节）。

添加 Joint 组件的方法："Component" → "Physics" → "× × × Joint"（× × × 指代不同关节名）。

（1）Hinge Joint（铰链关节）

铰链关节由两个刚体组成，并且对刚体进行约束，使它们像连接在一个铰链上那样运动。它适用于对门的模拟，也可用作模型链及钟摆等物体。

Hinge Joint（铰链关节）组件　属性菜单见图 5-7，铰链关节组件属性说明见表 5-6。

表5-6　铰链关节组件属性说明

属性名	使用说明
Connected Body	连接刚体：为关节指定要连接的刚体（若不指定刚体，则该关节默认与世界相连）
Anchor	锚点：刚体可围绕锚点进行摆动。该值应用于局部坐标系
Axis	轴：定义刚体摆动的方向。该值应用于局部坐标系
Auto Configure Connected Anchor	自动设置连接锚点：勾选该项，连接锚点会自动设置（该项默认为开启状态）
Connected Anchor	连接锚点：自动设置连接锚点项开启时，此项会自动设置；自动设置连接锚点项未开启时，可手动设置连接锚点
Use Spring	使用弹簧：勾选该项，弹簧会使刚体与其连接的主体形成一个特定的角度
Spring	弹簧：当 Use Spring 参数开启时，此属性有效 Spring：弹簧力。设置推动对象使其移动到相应位置的作用力 Damper：阻尼。设置对象的阻尼值，数值越大对象移动越缓慢 Target Position：目标角度。设置弹簧的目标角度，弹簧会拉向此角度
Use Motor	使用发动机：勾选该项，发动机会使对象发生旋转
Motor	发动机：当 Use Motor 参数开启时，此属性有效 Target Velocity：目标速度。设置对象预期要达到的速度 Force：作用力。设置为了达到目标速度而施加的作用力 Free Spin：自动转动。勾选该项，发动机将永远不会停止，转速只会越来越快
Use Limits	使用限制：勾选后铰链的角度将被限定在最大值和最小值之间

续表

属性名	使用说明
Limits	限制：当 Use Limits 参数开启时，此属性有效 Min ：最小值。设置铰链能达到的最小角度 Max ：最大值。设置铰链能达到的最大角度 Bounciness ：当物体达到最小或最大停止限制时，物体会反弹多少 Bounce Min Velocity ：反弹的最小速度 Contact Distance ：接触距离。控制关节的抖动
Break Force	断开力：设置断开铰链关节所要施加的作用力
Break Torque	断开转矩：设置断开铰链关节所需的转矩
Enable Collision	激活碰撞：勾选该项，关节之间也会检测碰撞
Enable Preprocessing	启用预处理：勾选该项，实现关节的稳定（该项默认为开启状态）

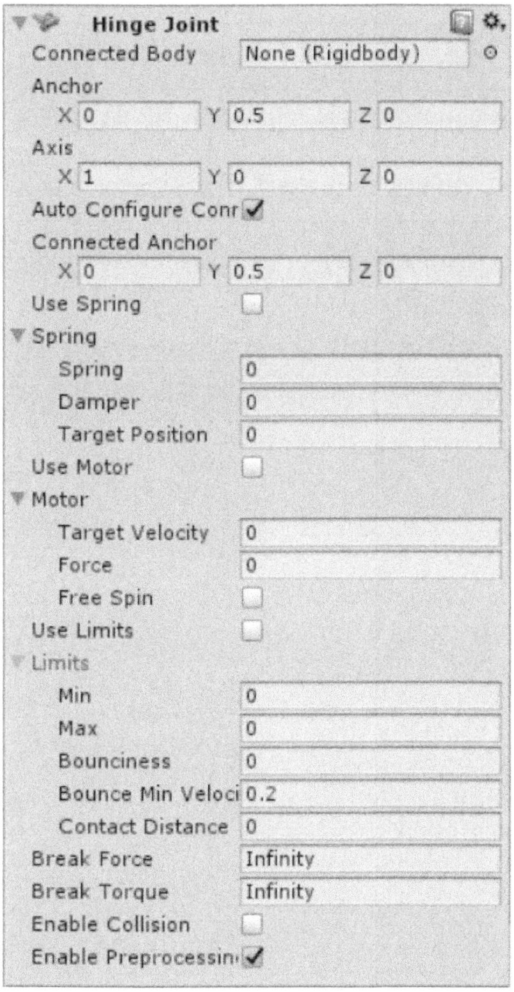

图 5-7

（2）Fixed Joint（固定关节）

固定关节用于约束一个游戏对象对另一个游戏对象的运动，类似于对象的父子关系，但它是通过物理系统来实现而不像父子关系是通过 Transform 属性来进行约束（使用固定关节的对象自身需要有一个刚体组件）。

固定关节适用于希望一个对象较容易地与另一个对象分开的情况，或者用于连接两个没有父子关系的对象使其一起运动。

固定关节组件属性菜单见图 5-8，固定关节组件属性说明见表 5-7。

表5-7 固定关节组件属性说明

属性名	使用说明
Connected Body	连接刚体：用于指定关节要连接的刚体（若不指定刚体，则该关节默认与世界相连）
Break Force	断开力：设置断开关节需要施加的作用力
Break Torque	断开转矩：设置断开关节所需的转矩
Enable Collision	激活碰撞：勾选此项，关节之间也会检测碰撞
Enable Preprocessing	启用预处理：勾选该项，实现关节的稳定（该项默认为开启状态）

固定组件的添加方法：使用菜单命令“Component”→“Physics”→“Fixed Joints”。

（3）Spring Joint（弹簧关节）

弹簧关节组件可将两个刚体连接在一起，使其像连接着弹簧那样运动。

弹簧关节组件属性菜单见图 5-9，弹簧关节组件属性说明见表 5-8。

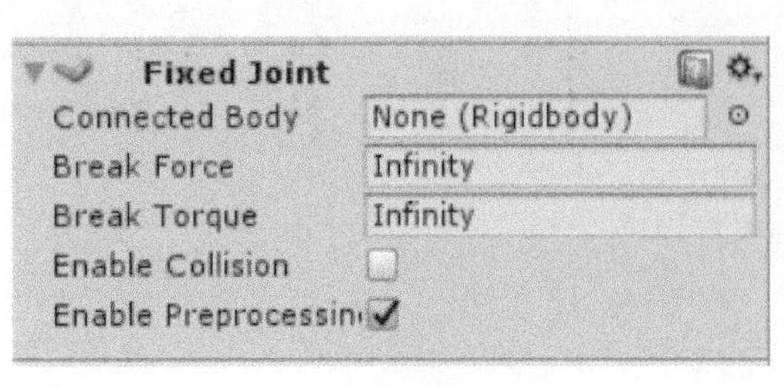

图 5-8

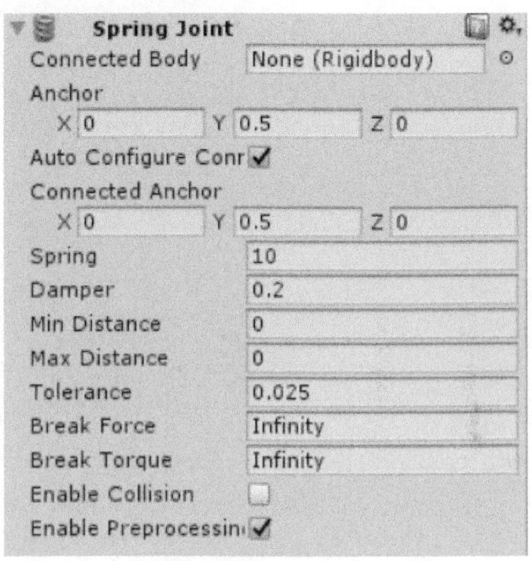

图 5-9

表5-8　弹簧关节组件属性说明

属性名	使用说明
Connected Body	连接刚体：用于为弹簧指定要连接的刚体（若不指定刚体，该关节默认与世界相连）
Anchor	用于设置弹簧的锚定点
Auto Configure Connected Anchor	自动设置连接锚点：勾选该项，连接锚点会自动设置（该项默认为开启状态）
Connected Anchor	连接锚点：自动设置连接锚点项开启时，此项会自动设置；自动设置连接锚点项未开启时，可手动设置连接锚点
Spring	弹簧：设置弹簧的强度，数值越高弹簧的强度就越大
Damper	阻尼：设置弹簧的阻尼系数，数值越大，弹簧强度减小的幅度越大
Min Distance	最小距离：设置弹簧启用的最小距离值。如果两个对象之间的当前距离与初始距离的差小于该值，则不会开启弹簧
Max Distance	最大距离：设置弹簧启用的最小距离值。如果两个对象之间的当前距离与初始距离的差大于该值，则不会开启弹簧
Tolerance	更改容错：允许弹簧具有的静止长度
Break Force	断开力：设置断开弹簧关节所需的作用力
Break Torque	断开转矩：设置断开弹簧关节所需的转矩
Enable Collision	激活碰撞：勾选该项，关节之间也会检测碰撞
Enable Preprocessing	启用预处理：勾选该项，实现关节的稳定（该项默认为开启状态）
弹簧组件的添加方法：使用菜单命令“Component”→“Physics”→“Spring Joints”。	

（4）角色关节（Character Joint）和可配置关节（ConfigurableJoint）

角色关节组件主要用于表现布娃娃效果［Unity 3D 中自带了布娃娃（ragdoll）组件，但仅在角色死亡并模拟其倒地肢体扭曲时能派上用场］，它是扩展的球关节，可用于限制关节在不同旋转轴下的旋转角度。可配置关节组件支持用户自定义关节，它开放了 PhysX 引擎中所有与关节相关的属性，因此可像其他类型的关节那样来创造各种行为。可配置关节有两类主要的功能：移动 / 旋转限制和移动 / 旋转加速度。两个参数的相关内容都比较多，限于篇幅请查阅手册自学，这里不做详细介绍。

5.1.6　PhysicsMaterials（物理材质）

物体之间相互碰撞的时候，物体表面会模拟它身上材质的属性，比如冰块、篮球等物体。物体的摩擦系数、弹性系数可以用物理材质来配置，在 Unity 中已经配置好了 7 种常用的物理材质（见图 5-10），Bouncy、Ice、MaxFriction、Metal、Rubber、Wood、ZeroFriction，在菜单中依次选择“Assets”→“ImportPackage”→“Characters”→“PhysicsMaterials”即可导入。下面以 Bouncy(弹性) 材质为例介绍其物理参数（见表 5-9）。

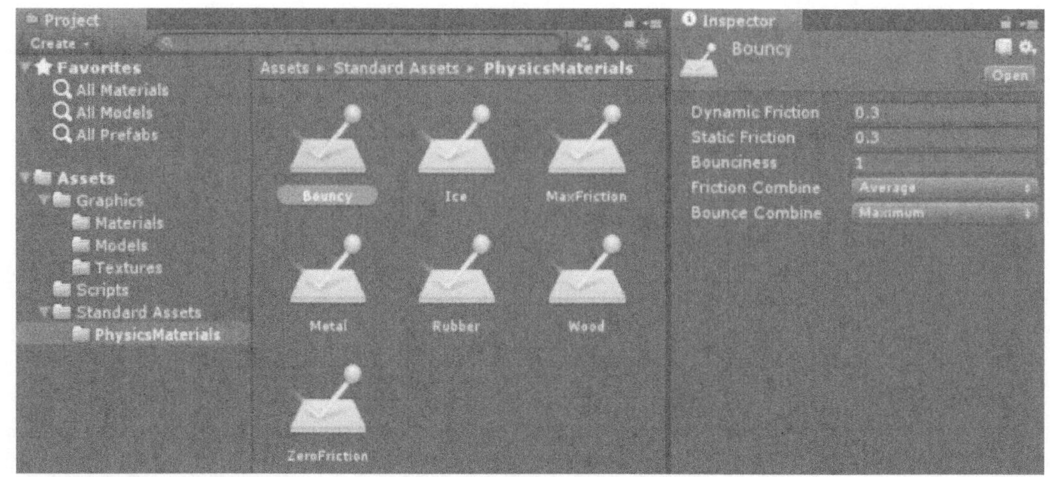

图 5-10

表5-9　弹性材质的物理能数说明

物理参数	说明
Dynamic Friction	滑动摩擦力，对象在运动时的摩擦力，取值范围 0 ～ 1
Static Friction	静摩擦力，对象被放置在表面时的摩擦力，取值范围 0 ～ 1，取值接近 0 时可模拟对象在冰上的效果
Bounciness	反弹，取值范围 0 ～ 1，值为 0 时没有反弹，值为 1 时反弹无能量损耗
Friction Combine	两个碰撞物体的摩擦力组合
Average	使用两个摩擦力的平均值
Min	使用两个摩擦力的最小值
Max	使用两个摩擦力的最大值
Multiply	使用两个摩擦力的乘积
BounceCombine	反弹组合，同摩擦力组合的选项类似

说明：摩擦力是阻碍物体相对运动的力。当想把物体堆在一起时，这个力的值很关键。摩擦力表现为两种形式：滑动摩擦力和静摩擦力。静摩擦力在物体静止时生效，它阻止物体开始运动。而当外力够大时物体开始运动，这时滑动摩擦力将生效，它尝试使物体的运动变慢。

5.1.7 Triggers（触发器）

严格来说，碰撞器、触发器都属于 Unity 的事件系统。脚本可以通过 OnCollisionEnter 启动碰撞发生的检测，也可以通过修改碰撞器上 Is Trigger 来启动是否需要碰撞检测以实现触发功能。启动之后会允许碰撞物体穿过，穿过的时候将调用物体脚本的 OnTriggerEnter 函数，可在此函数中编写事件回调时相关响应。

碰撞函数

IsTrigger=false 时使用。

OnCollisionEnter// 碰撞第一次调用

OnCollisionStay// 保持碰撞中调用

OnColliosionExit// 退出碰撞时调用

IsTrigger=true 时使用。

OnTriggerEnter// 进入触发器

OnTriggerStay// 停留触发器

OnTriggerExit// 离开触发器

接收到触发信息的条件：两个碰撞器中必有一方含有刚体并且至少一方是触发器。

相比碰撞发生的严格条件，触发器触发（碰撞后发送触发消息）的条件相对要宽松（见表 5-10）。

表5-10　触发器触发条件表

碰撞体类型	静态碰撞体	刚体碰撞体	运动刚体碰撞体	静态触发碰撞体	刚体触发碰撞体	运动刚体触发碰撞体
静态碰撞体	—	—	—	—	是	是
刚体碰撞体	—	—	—	是	是	是
运动刚体碰撞体	—	—	—	是	是	是
静态触发碰撞体	—	是	是	—	是	是
刚体触发碰撞体	是	是	是	是	是	是
运动刚体触发碰撞体	是	是	是	是	是	是

5.2　Raycast（射线）

除碰撞器、触发器属于事件系统外，Unity 事件系统的另一分支是射线投射器，可以通过发射射线检测一定范围内的物体，并返回检测到的物体。该方法通常应用在物体拾取、射击等场景。

Physics.Raycast(Vector3 origin,Vector3 direction,out RaycastHit hitinfo,float maxDistance);

Vector3 origin：射线起点。

Vector3 direction：射线方向。

out RaycastHit hitinfo：返回检测距离内检测到的物体。

float maxDistance：最大检测距离。

（1）射线检测一定距离内的物体

用 Physics.Raycast 方法检测 10m 距离内的物体。编写如下脚本附加于立方体：先定义 RaycastHit 类型的变量，用于承载用该方法检测并返回的物体；按下空格键，若距离小于 5m，则给物体施加一个向上的力。

```
using UnityEngine;
public class CubeAddForce : MonoBehaviour {
   RaycastHit hit;
   void Update() {
     if (Input.GetKeyDown(KeyCode.Space)) {
       if (Physics.Raycast(transform.position, new Vector3(0, -1, 0), out
hit, 10f)) {
         if (hit.distance < 5)
           GetComponent<Rigidbody>().AddForce(Vector3.up * 10,ForceMode.Impulse);
           }
     }
   }
}
```

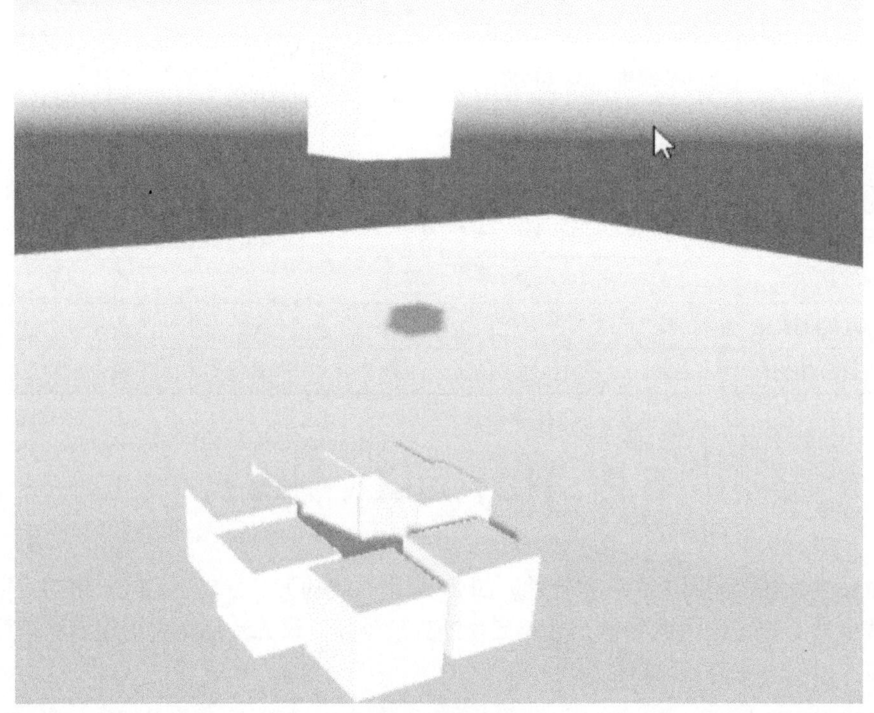

图 5-11

运行效果如图 5-11 所示，按空格物体被掷起来了。

Ray（射线）类和 RaycastHit（射线投射碰撞信息）类是两个最常用的射线工具类。创建一条射线（Ray）需要指明射线的起点（origin）和射线的方向（direction），这两个参数也是 Ray 的成员变量。注意，射线的方向在设置时如果未单位化，Unity 会自动进行单位归一化处理。射线（Ray）的构造函数为：

```
public Ray(Vector3 origin,Vector3 direction);
```

Physics.Raycast 静态函数用于在场景中发射一条可以和碰撞器碰撞的射线，射线的生成有 10 多个重载方法，常见的如下：

```
public static bool Raycast(Vector3 origin,Vector3  direction,float
distance=Mathf.Infinity,
                                int layerMask=DefaultRaycastLayers);
```

当射线与碰撞器发生碰撞时，返回值为 true，未穿过任何碰撞器时，返回值为 false。

```
public static bool Raycast(Vector3 origin,Vector3 direction,RaycastHit
hitInfo,
                          float distance=Mathf.Infinity,int layerMask=Defa
ultRaycastLayers);
```

这个重载函数定义了一个碰撞信息类 RaycastHit，在使用时通过 out 关键字传入一个空的碰撞信息对象。当射线与碰撞器发生碰撞时，该对象将被赋值，可以获得的碰撞信息包括 transform、rigidbody、point 等，如果未发生碰撞，该对象为空。Raycast 射线函数常见参数见表 5-11。

表5-11　Raycast射线函数常见参数解释

参数名	使用说明
origin	世界坐标中射线起始点
direction	射线方向
distance	射线长度
layerMask	用于有选择地屏蔽某些碰撞器
hitInfo	射线击中目标，Raycast 函数返回值为真时 hitInfo 参数中包含大量有用信息

```
public static bool Raycast(Ray ray,float distance=Mathf.Infinity,
                           int layerMask=DefaultRaycastLayers);
```

这个重载函数使用已有的一条射线（Ray）来作为参数。

```
public static bool Raycast(Ray ray,RaycastHit hitInfo,float distance=Mathf.Infinity,
                           int layerMask=DefaultRaycastLayers);
```

这个重载函数使用已有的射线（Ray）来作为参数，并获取碰撞信息（RaycastHit）。在调试时如果想显示一条射线，可以使用 Debug.DrawLine 来实现。

```
public static void DrawLine(Vector3 start,Vector3 end,Color color);
```

只有当发生碰撞时，在 Scene 视图中才能看到画出的射线。

（2）用射线控制人物行走

```
void Update(){
   //按下鼠标左键后
        if (Input.GetMouseButtonDown(0))
        {//从摄像机的原点向鼠标点击的对象上发射一条射线
          Ray ray = Camera.main.ScreenPointToRay(Input.mousePosition);
          RaycastHit hit;
```

```
        //当射线碰撞到对象时
        if (Physics.Raycast(ray, out hit))
        { // 目前场景中只有地形，其实应判断一下当前射线碰撞到的对象是否为地形
          //得到在 3D 世界中点击的坐标
          Vector3 point = hit.point;
          //设置主角面朝这个点，主角的 X 与 Z 轴不应当发生旋转，
          transform.LookAt(new Vector3(point.x, transform.position.y, point.z));
          //用户是否连续点击按钮
          if (Time.realtimeSinceStartup - time <= 0.2f)
          { // 连续点击进入奔跑状态（速度 0.1）且主角没到达目标点时，一直向该点移动
            if (Mathf.Abs(Vector3.Distance(point, transform.position)) >= 1.3f)
            {  //得到角色控制器组件
              CharacterController controller = GetComponent<CharacterControl
ler>();
              //限制移动，速度 0.1f；
              Vector3 v = Vector3.ClampMagnitude(point - transform.position,
0.1f);
              //可以理解为主角行走或奔跑了一步
              controller.Move(v);
            }
            else {  //保持 idle（空闲状态） }
          }
          else
          {
           //点击一次只进入走路状态（速度 0.05）且主角未达目标点时一直向该点移动
           if (Mathf.Abs(Vector3.Distance(point, transform.position)) >= 1.3f)
           {  //得到角色控制器组件
             CharacterController controller = GetComponent<CharacterControl
ler>();
             //限制移动
             Vector3 v = Vector3.ClampMagnitude(point - transform.position, 0.05f);
             //可以理解为主角行走或奔跑了一步
             controller.Move(v);
           }
           else      { //保持 idle（空闲状态）  }
         }
         //记录本地点击鼠标的时间
         time = Time.realtimeSinceStartup;
}
```

（3）定向发射射线的实现

当要使用鼠标拾取物体或判断子弹是否击中物体时，往往是沿着特定的方向发射射线，这个方向可能是朝向屏幕上的一个点，或者是世界坐标系中的一个矢量方向。沿世界坐标系中的矢量方向发射射线，已经在前面演示过如何实现。针对向屏幕上的某一点发射射线，Unity 为我们提供了两个 API 函数以供使用，分别是 ScreenPointToRay 和 ViewportPointToRay。

① public Ray ScreenPointToRay(Vector3 position);

参数说明：position 是屏幕上的一个参考点坐标。

返回值说明：返回射向参考点的射线。当发射的射线未碰撞到物体时，碰撞点 hit.point 的值为 (0,0,0)。

ScreenPointToRay 函数是从摄像机的近视口向屏幕上的一点发射射线。position 用实际像素值表示射线到达屏幕上的位置。当参考点的 x 分量 (或 y 分量) 从 0 增长到最大值时，射线将从屏幕的一边移动到另一边 (或从上到下)。由于 position 在屏幕上，因此 z 分量始终为 0。下面用一段程序示例说明如何利用 ScreenPointToRay 来发射一条指向屏幕上某点的射线来定向检测碰撞体。在场景中创建一个 Cube 位于摄像机的正前方，将下面的脚本 RayDemo02.cs 加载到摄像机上。

```
public class RayDemo02 : MonoBehaviour {
  Ray ray;
  RaycastHit hit;
  // 创建射线到屏幕上的参考点，像素坐标
 Vector3 position = new Vector3(Screen.width/2.0f, Screen.height/2.0f, 0.0f);
 void Update () {
    // 射线沿着屏幕 X 轴从左向右循环扫描
    position.x = position.x >= Screen.width ? 0.0f : position.x + 1.0f;
    // 生成射线
    ray = Camera.main.ScreenPointToRay(position);
    if(Physics.Raycast(ray, out hit, 100.0f))
    {
       // 如果与物体发生碰撞，在 Scene 视图中绘制射线
       Debug.DrawLine(ray.origin, hit.point, Color.green);
       // 打印射线检测到的物体的名称
       Debug.Log(" 射线检测到的物体名称 : " + hit.transform.name);
    }
  }
}
```

在这段代码中，首先声明了一个变量 position，用于记录射线到达屏幕上的实际交点的像素坐标，然后在 Update 方法中更改 position 的 x 分量值，使射线从屏幕左方向右方不断循环扫描，接着调用函数 ScreenPointToRay 生成射线 ray，最后绘制射线并打印射线探测到的物体的名称。

② public Ray ViewportPointToRay(Vector3 position);

参数说明：position 为屏幕上的一个参考点 (坐标已单位化处理)。

返回值说明：返回射向参考点的射线。当发射的射线未碰撞到物体时，碰撞点 hit.point 的值为 (0,0,0)。

例子：接收子弹碰撞信息，并且控制子弹射击方向。

```
void Shoot()
  {
     if (Input.GetMouseButton(0))
     {
         //从玩家位置（一般主摄像机作为眼睛绑定在玩家头部）向鼠标所指发射射线
         Ray myRay = Camera.main.ScreenPointToRay(Input.mousePosition);
         if (Physics.Raycast(myRay, out hitInfo))
```

```
            {
                Vector3 direction = hitInfo.point - player.transform.position;
                Ray newray = new Ray(player.transform.position, direction);
                Debug.DrawLine(newray.origin, hitInfo.point);
                print("hit");
                //hitInfo.collider.gameObject.tag==" enemy "
                if (hitInfo.transform.CompareTag("enemy"))
                {
                    print("enemy ");
                }
            }
        }
}
```

例子：点击鼠标拾取物体。

```
void Update()
   {
      Ray ray = Camera.main.ScreenPointToRay(Input.mousePosition);
      rayPick("plane","cube");
   }

   GameObject pickGameObj;
   //点击拾取，再点击释放
   void rayPick(string planeTag, string targetTag)
   {
     if (pickGameObj == null)
     {
         if (Input.GetMouseButtonDown(0))
         {
             if (Physics.Raycast(ray, out hitInfo))
             {
                 if (hitInfo.collider.gameObject.tag == targetTag)
                 {
                     pickGameObj = hitInfo.collider.gameObject;
                 }
               }
           }
       }
       else
       {
         if (Physics.Raycast(ray, out hitInfo))
         {
             if (hitInfo.collider.gameObject.tag == planeTag)
             {
                 pickGameObj.transform.position = hitInfo.point;
             }
         }
         if (Input.GetMouseButtonDown(0))
         {
```

```
                pickGameObj = null;
            }
        }
    }
```

射线在虚拟现实仿真、游戏开发中使用广泛，API 丰富多样，应用灵活，建议认真学习，好好掌握。

第5章思考练习题与答案

思考练习题

1. 请简述 Unity 3D 中的碰撞器和触发器的区别。

2. 请回答物体发生碰撞的必要条件。

3. 请回答 Character Controller 和 Rigidbody 的区别。

4. 在物体发生碰撞的整个过程中有几个阶段，分别列出对应的函数。

5. Unity 的物理引擎中，有几种施加力的方式，分别描述出来。

6. 物理更新一般放在哪个系统函数里?

7. 射线检测碰撞物的原理是什么?

8. 下列选项中有关 Animator 的说法错误的是（　　）。

A. Animator 是 Unity 引擎中内置的组件

B. 任何一个具有动画状态机功能的 GameObject 都需要一个 Animator 组件

C. 它主要用于角色行为的设置，包括 StateMachine、混合树 BlendTrees 以及通过脚本控制的事件

D. Animator 同 Animation 组件的用法是相同的

9. 下列哪个函数不属于碰撞事件？（　　）

A. OnCollisionEnter　　B. OnCollisionExit

C. OnCollisionUpdate　　D. OnCollisionStay

10. 在 Unity 引擎中，Collider 指的是（　　）？

A. Collider 是 Unity 引擎中支持的一种资源，可用于存储网格信息

B. Collider 是 Unity 引擎中内置的一种组件，可用于对网格进行渲染

C. Collider 是 Unity 引擎中支持的一种资源，可用于游戏对象的坐标转换

D. Collider 是 Unity 引擎中内置的一种组件，可用于游戏对象之间的碰撞检测

11. 关于 Unity 的碰撞检测功能，以下说法错误的是（　　）。

A. 要使可移动游戏对象之间产生力学上的碰撞效果，游戏对象必须都具备“Rigibody”组件和“Collider”组件

B. 在场景中被碰撞后不动的静态物体只需要具备“Collider”组件

C. “Collider”组件的“Is Trigger”属性值设置为“false”后，碰撞器变为“触发器”，游

戏对象不再具备力学上的碰撞效果

D. 道具拾取功能一般采用“触发器”来实现

12. 以下关于 Unity 射线对象的说法错误的是（　　）。

A. 射线对象是“Ray”类的对象

B. 射线对象会直接显示在游戏场景中

C. 综合利用射线对象、“RaycastHit”对象和物理引擎的“Raycast”函数可以获取射线与场景中碰撞体交汇的信息

D. 在脚本中合理利用射线对象可以获取鼠标在场景中指向的位置、坦克炮口对准的位置等

13. 操作题

（1）在场景中央放置一个 Cube 物体，四周环绕一圈小球体，设法让 Cube 边旋转边向前方发射射线，射线击中的小球 30 s 后消失。

（2）同上述场景，只是物体不动，要求实现鼠标射击，被鼠标点到的物体立即销毁掉。

第6章
Unity 3D动画系统

本章素质技能目标

掌握 Unity 中强大的 Mecanim 动画系统，包括模型导入、动画分割、Avatar 及动画重用、动画融合树 BlendTree、动画遮罩 AvatarMask、动画状态机设置等，然后编写脚本，依据外部输入设备来控制状态切换，从而调用角色在不同动作姿态间切换。在此过程中分析讨论动画模型、肌肉、蒙皮、骨架这些资源与动画数据、程序指令的关系。本章内容繁杂、概念多，通过完成角色动画任务培养理论与实践结合的能力，特别是职业技术崇尚的动手能力。

其他还有 TimeLine 的使用，学习录制动画的相关概念及操作。

Unity 3D 中的动画方式包含作为老版本遗产的动画系统，它基本是基于补间原理录制（使用过Flash的人比较熟悉这种方式）动画的。Unity 3D在2012年11月25日推出的4.0版，引入了一个强大并且复杂的动画系统——Mecanim 动画系统，通过它，开发者可以非常方便地编辑动画，人类角色动画可以通过 Avatar 得以重用，大大减小了游戏开发中动画工作的难度。新版本的 Mecanim 动画系统主要基于 Avatar 骨骼关节点的动画重定向（Retargeting），这使得动画数据与模型数据分离开来，动画数据可以重用，这对人类角色、四足动物的动画都是一种经济有效的方案。开发者无须再为每个动画中的生命体制作单独的动画，只需制作一次动画其他同类生命体可以共享动画数据，因而成为游戏开发者使用的主流动画工具。

6.1 Unity 3D 动画系统基本概念

动画系统是一个封装好动画数据的信息包，数据描述了 3D 对象的运动。严格来说，动画属于一种美术资源。Unity 3D 中的动画系统涉及以下概念（知识点）：Animation Clip、Animation Division、Root Motion、Animation Event、Animator（Animator Controller）、State Machine、Animation Layer、Humanoid、Avatar、Body Mask、Animation Retargeting、IK Animation、Blend Tree、Time Line 等。动画功能包括重定向动画、运行时对动画权重的完全控制、动画播放中的事件调用、复杂的状态机层级视图和过渡、面部动画的混合形状等。

由此可见，动画系统是相当复杂和强大的，涉及复杂的操作。因篇幅关系，本书只涉及重要的基础内容，包括 Animation 的录制、动画事件、Animator 与状态机、动画切割、Animation 与 Animator 的辨析等。

6.1.1 Animation Clip（动画剪辑）

在使用整个动画系统之前，我们需要先拥有一个动画剪辑。动画剪辑是动画系统里面一个最基本的概念。动画剪辑包含的是一些动画数据，比如一个人物角色在开枪射击的时候，他 / 她的胳膊是处于什么样的位置，位置如何变化，如何旋转，这些数据都是在动画剪辑（Animation Clip）中保存的。

获取动画剪辑的方式有两种。一种是在 Unity 3D 中自己制作动画剪辑，这需要使用动画剪辑（Animation Clip），如图 6-1 所示，有点像 Flash 中基于关键帧补间动画或诸帧录制动画；另一种是从三维动画软件中导入的内置于模型中的动画片段。

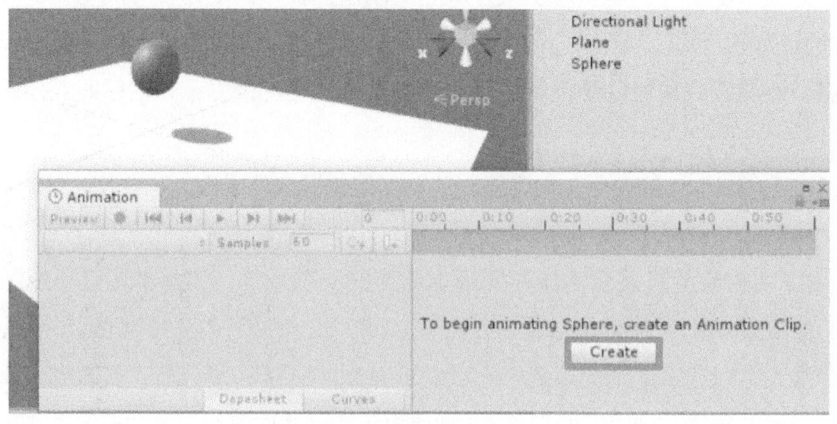

图 6-1

6.1.2 旧版基于 Animation 组件的动画

（1）动画录制

我们使用 Animation 面板（见图 6-2）来录制一段动画，体会一下 Animation Clip 的实质。

动画编辑器的原理就是通过时间线来修改组件的信息，比如修改 Transform 位置信息（见图 6-3），修改组件或修改颜色信息，控制模型显示或隐藏，此外还可以在时间线上添加动画事件激发回调处理函数。编辑后的动画可以用在很多地方，比如 UI 元素、2D 元素或模型等，主要是游戏对象都适用，它有时候需要配合 Animator 组件使用。下面学习 Animation 视图。

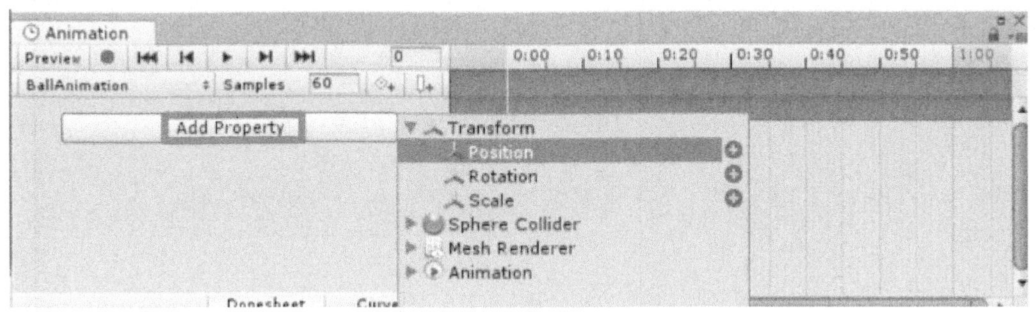

图 6-2

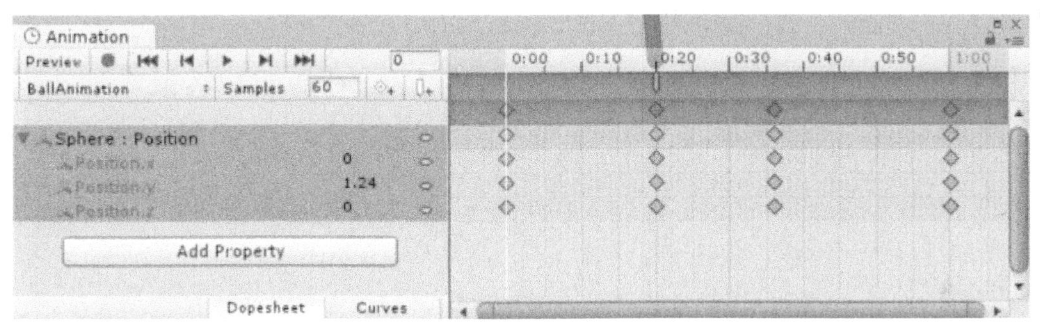

图 6-3

Animation 视图就是专门用来可视化地编辑对象外观或空间几何属性参数以形成插值动画的一个视图。执行“Window”→“Animations”即可打开编辑器窗口，这里需要提前选择一个游戏对象，并且绑定 Animation 组件（否则记录了也不播）。我们选择场景中的球体，然后点击如图 6-1 所示 Create 按钮，为新录制的动画片段起名为 BallAnimation，再点击“Add Property”，选择需要记录属性变换的组件（包括模型下所有子对象的信息），比如 Transform 组件及其下的 PRS（Position、Rotation、Scale）3 个属性 9 个 (每个属性又有 x、y、z 3 个分量) 分量、Sphere Collider 组件及其所附所有属性、Mesh Renderer 组件及其所附所有属性都可以用来记录动画。在录像机控制工具栏处有个 Record 按钮（外观小红点儿），点开后即可开启实时记录，我们先让球体沿 x 轴正向移动，然后在播放头位于第 20 帧处又让物体沿 y 轴向上运动，在场景视图中对它执行位移、旋转、缩放等任意变换都会被记录成关键帧（Keyframe），如图 6-3 中那些关键帧信息。其中，Samples 表示帧率，右边有两个小标志，第 1 个表示手动添加一个关键帧（Keyframe），第 2 个给当前帧添加一个事件，在窗口最下面还有个“Curves”按钮，点击此按钮可以以图形曲线的方式呈现记录的数值变化，并且可以进入曲线编辑器界面，拖动时间线就可以查看动画效果，如果想整体播放动画，可以单击图 6-3 中所示的播放按钮，最终动画信息

将保存在 .anim 文件中，这里生成的是 BallAnimation.anim 文件。图 6-3 中以关键帧形式显示了生成的动画，图 6-4 以曲线的形式显示了场景中一个点光源光颜色变化记录的动画。

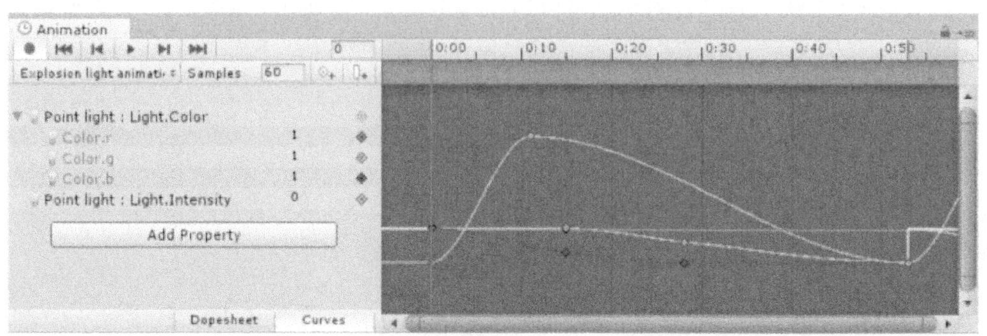

图 6-4

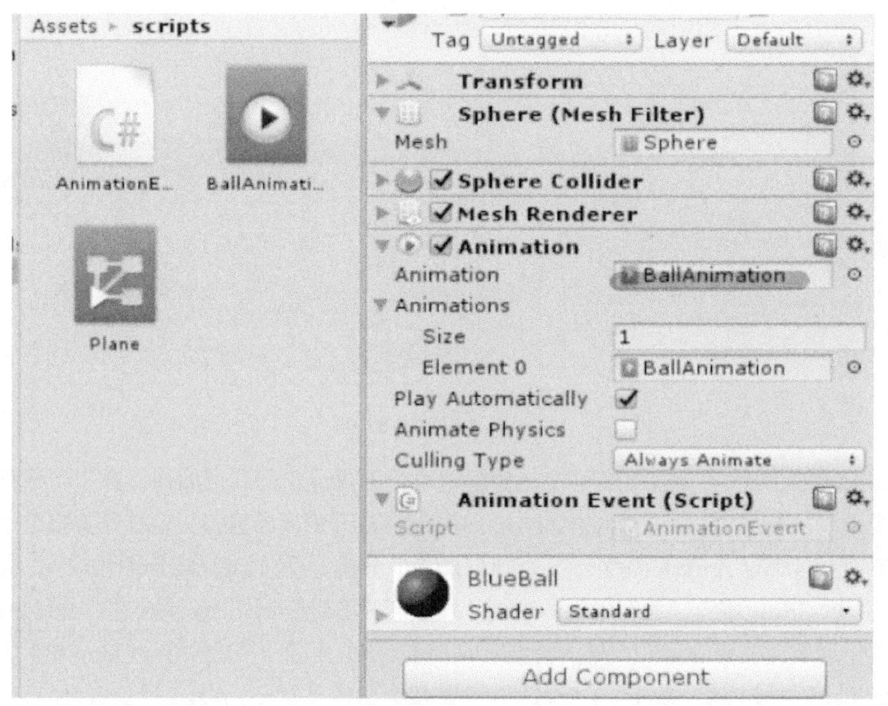

图 6-5

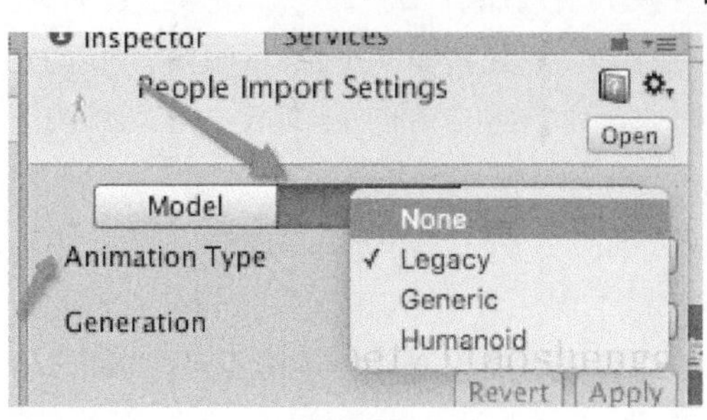

图 6-6

录制得到的 Animation Clip 片段最终要通过 Animation 组件来使用。图 6-5 显示了将 Sphere 对象的 Animation 组件的 Animation 变量赋予录制的 BallAnimation 动画片段。按如下步骤操作：

动画类型→“Legacy”（旧版本）、“Generic”或“Humanoid”（新版本），如图 6-6 所示。

（2）Animation 组件的使用

给模型中 Animation 组件添加默认动画片段，可以给一个模型添加多个动画，如图 6-7 所示。

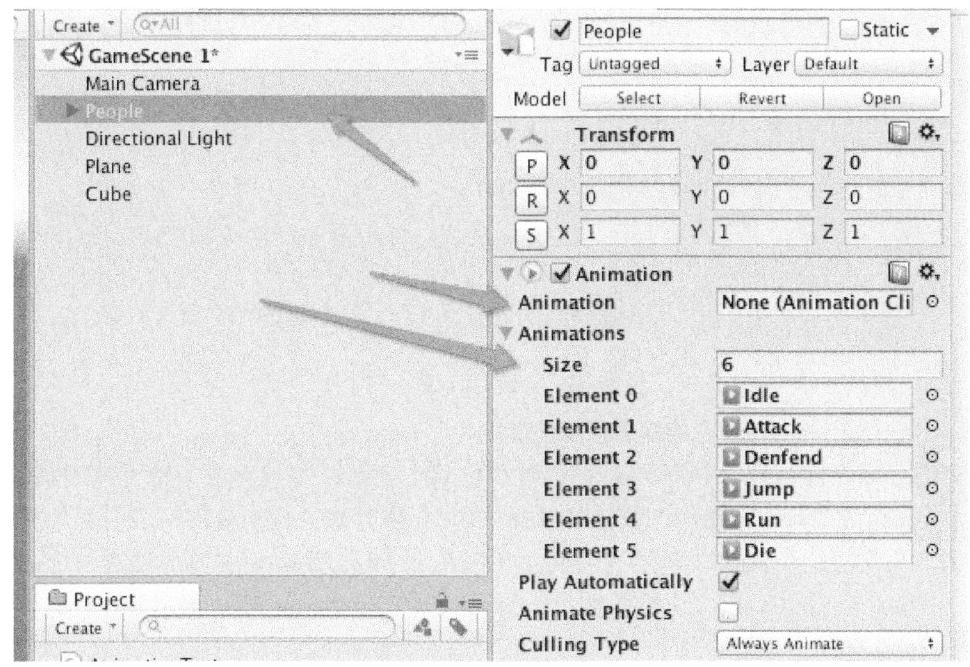

图 6-7

然后调用 Animation 组件类的方法实现播放。

```
Animation 类：
IsPlaying 方法：是否正在播放动画；
Play 方法：播放某个动画；
Stop 方法：停止当前所有动画，允许重新加载，输入某个动画名，停止某个动画；
CrossFade 方法：播放动画切换有一定时间的过渡（淡出淡入）。
```

（3）用脚本代码控制动画播放

```
using UnityEngine;
using System.Collections;

public class AnimationTest : MonoBehaviour {
  private Animation _ani;
  void Awake(){
     _ani = GetComponent<Animation> ();
  }

  void Update(){
    //点击鼠标左键，角色播放攻击动画
    if (Input.GetMouseButtonDown (0)) {
        //_ani.Play ("Attack");
```

```
            _ani.CrossFade ("Attack", 0.5f);
        }
        //如果角色没有正在播放动画
        if (!_ani.isPlaying) {
            _ani.Play ("Idle");
        }

        if (Input.GetKey (KeyCode.A)) {
            _ani.Play ("Run");
        }
        if (Input.GetKeyUp (KeyCode.A)) {
            _ani.Play ("Run");
        }

        Debug.Log (_ani.IsPlaying ("Idle"));//测试是否播放动画
    }
}
```

(4)Animation Event 在编辑器中添加事件

我们可以在动画片段执行到某一点时执行某个函数，这就需要为特定帧添加事件，称为 Animation Event。我们打算让动画播放到 20 帧时执行自动输出一段信息的功能函数，为此先定义这个函数，新建一个类，取名 AnimationEvent，在其中建立一个公开的函数 TestAnimationEvent，功能是输出 "played 20 Frames and now will upward"，代码如下。

```
using System.Collections;
using System.Collections.Generic;
using UnityEngine;
public class AnimationEvent : MonoBehaviour {
     public void TestAnimationEvent()
     {
       Debug.Log("played 20 Frames and now will upward");
     }
}
```

然后让记录播放头处于 20 帧处，单击添加 AnimationEvent 的按钮，在 Inspector 面板中选择调用建好的函数 TestAnimationEvent，可见这一操作自动给待编辑的对象绑定了创建的脚本组件 AnimationEvent。点击游戏的执行按钮或按快捷键 Ctrl+P，场景执行，小球的录制动画自动播放，在 20 帧处定义的 AnimationEvent 激发了 TestAnimation Event 的调用，Console 出现了“played 20 Frames and now will upward”，如图 6-8 所示。需要注意的是，对于添加的 public 方法，最多有一个编辑参数，参数类型可以是 int、bool、string 或 GameObject 等常用类型；在动画编辑器的时间线上单击鼠标右键，在弹出的快捷菜单中选择“Add Animation Event”命令，添加一个事件，然后在 Event 面板中设置参数。

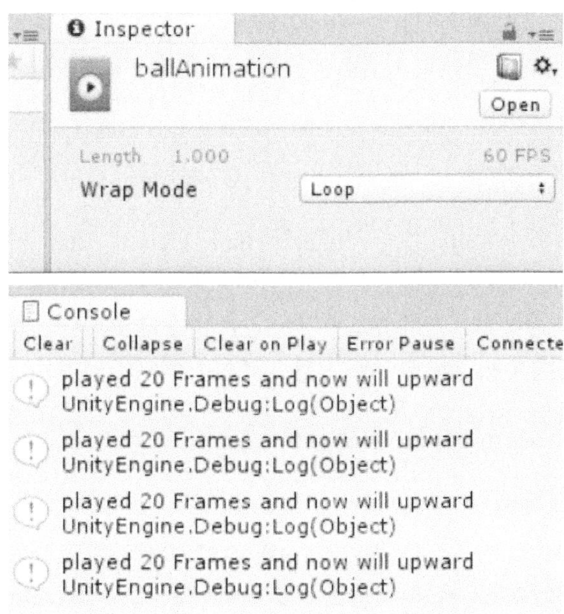

图6-8

6.2 分割提取模型中的动画与 Animator 组件管理

Unity 3D 的动画系统支持在引擎内编辑动画，也支持外部导入动画。由于引擎内置的动画编辑器没有提供骨骼动画的概念，只能编辑每一帧中模型的 Transform 等常见组件的变化信息，如对象整体的旋转、缩放和平移，但是物体自身几何形状需要发生一些局部变化时，比如像旗帜飘飘这样的网格局部动画，这是 Transform 所表达不了的，只得用 Maya、Blender、3ds Max 来制作，然后导出为 FBX 文件，再导入到 Unity 3D 中使用。Unity 3D 引擎支持对导入的 FBX 文件进行优化以及动画重定向等功能，每个模型上面可能有很多动画片段，这些片段之间的互相切换形成了完整的动画流程，但是当动画片段多的时候切换管理就非常复杂，于是 Unity 3D 引擎使用 Animator 组件来管理。Animator 组件是可视化的状态机编辑工具，可以更方便地预览动画片段之间的切换关系以及动画混合方式。

如果想让一个游戏对象产生动画，就必须给这个游戏对象添加组件，这个组件就是 Animator 组件。Animator 组件会持有一个动画控制器（Animator Controller）的引用来操控动画。Unity 3D 的动画系统 Mecanim 的强大之处不是前面所述通过记录物体整体空间几何属性变换生成动画，而是基于骨骼来定义动画。角色骨骼运动时带动上面依附的肌肉表皮运动。骨骼动画的好处在于可以实现重用。设想游戏中有一支军队，士兵模型成千上万但共享一套骨骼动画，这样能保证动作绝对整齐划一，效果非凡，而且节约了为每个士兵制作动画的时间。

若模型导入时 FBX 文件中已包含动画数据，这个动画剪辑可以和模型一同导入，就不用在 Unity 中录制，这时执行“AnimationClipping”以提取动画，对它进行分割（动词 clipping）也能得到细化的动画剪辑。下面我们对一个附带了动画的人形模型执行导入并做动画分割。

6.2.1 导入并设置缩放

在项目资源管理面板中右击，执行“Import New Assets...”命令，选择 player.fbx，导入并更名为 man（见图 6-9）。此时在项目资源管理面板中有了一个人物的 3D 资源，可以看见其上有三角箭头，表明它里面有着丰富的数据信息，点击这个箭头展开，可以看到这些数据信息，其中带三角形播放按钮的 Take 001 是动画信息，可双击预览（见图 6-10）。

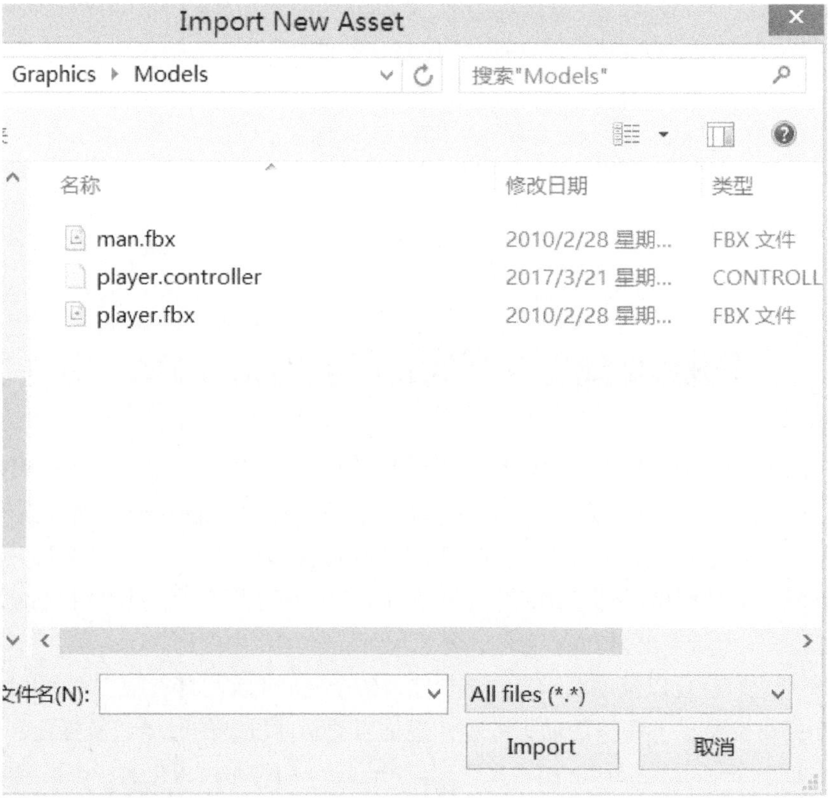

Import New Asset
Graphics ▸ Models
搜索"Models"
名称
修改日期
类型
man.fbx
2010/2/28 星期...
FBX 文件
player.controller
2017/3/21 星期...
CONTROLL
player.fbx
2010/2/28 星期...
FBX 文件
文件名(N):
All files (*.*)
Import
取消

图 6-9

man
body
pelvis
body
Take 001
manAvatar

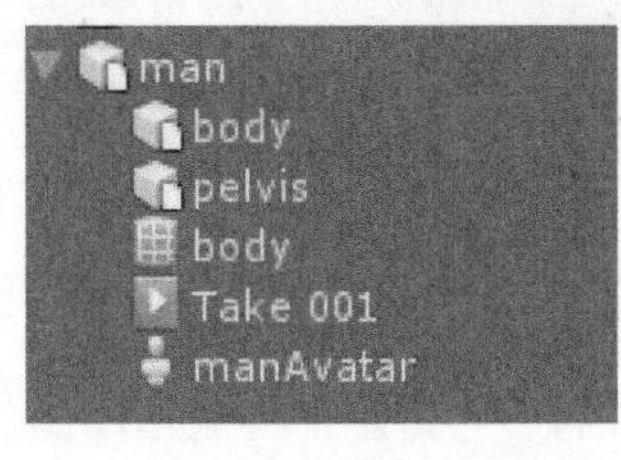

图 6-10

接着建立一个 10×10 大小的地面，将 man 拖入场景中，发现人物有点小，于是在资源面板中选择人物，在其右侧 Inspector 面板中的“Model”选项卡中对其导入缩放比例进行重新设置，将“Scale Factor”设置为 10 并点击下方的应用按钮，这时人物比例就合适了。如果看不见模型，也可在“Normals”处进行设置。如图 6-11 所示。

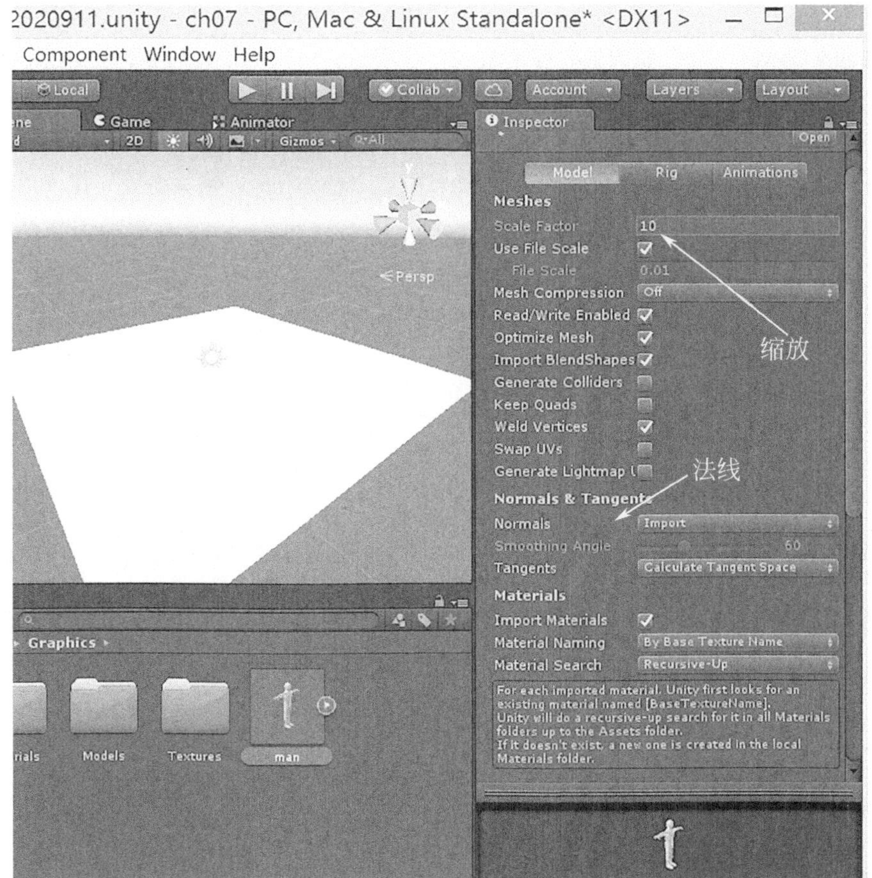

图6-11

6.2.2 设置新版动画类型——Humanoid

在模型资源属性面板“Rig”选项卡中，将“Animation Type”设置由“Generic”设为“Humanoid”（人形动画类型），如图6-12所示。然后点击“Apply”按钮。此时点击“Rig”选项卡中的“Configure”按钮，会弹出“manAvatar”映射面板，将人的全身骨骼关键节点进行匹配，有Body、Head、Left Hand、Right Hand四个部分，如图6-13所示。身上显示的实线圆点是必须匹配的节点，虚线圆点是可选匹配的节点。若匹配正确，图案都为绿色；匹配有错则在错误关键节点处显示红色，此时可以手动调整骨骼匹配。Unity的“Mapping”下拉菜单中提供了“AutoMap”自动匹配方式。在“Pose”下拉选项

图6-12

中提供了 Enforce T_Pose、Sample BindPose 等选项。在“Muscles & Settings”选项卡中可以设置骨骼带动的身体每一部分肌肉的紧张度或者开合度。完成这些设置后要记得保存。

6.2.3 分割动画片段

最后一个选项卡是“Animations”，前面说过 man 模型中带有动画数据，从这里可以看到 Animations 的“Clips”属性中显示有一个完整的动画片段 Take 001。通常导入的动画都像这样是一段单个的长剪辑，可以被分割成多个颗粒化的小的完整片段，其实这段动画中包含有好几个动画动作，我们分割这些动作为单独的动作片段。注意：Take 001 底部有两个按钮，一个上面带有“+”，可以添加剪辑，另一个带“-”，可以删掉分割出的剪辑，选中 Clips 列表中的某剪辑时，其“Start”和“End”分别代表剪辑的起始帧和结束帧（见图 6-14）。

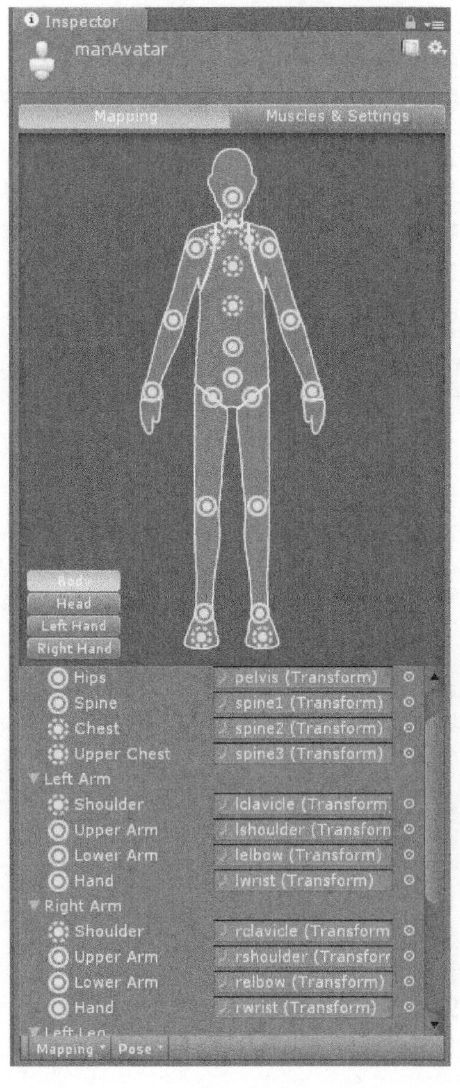

图 6-13

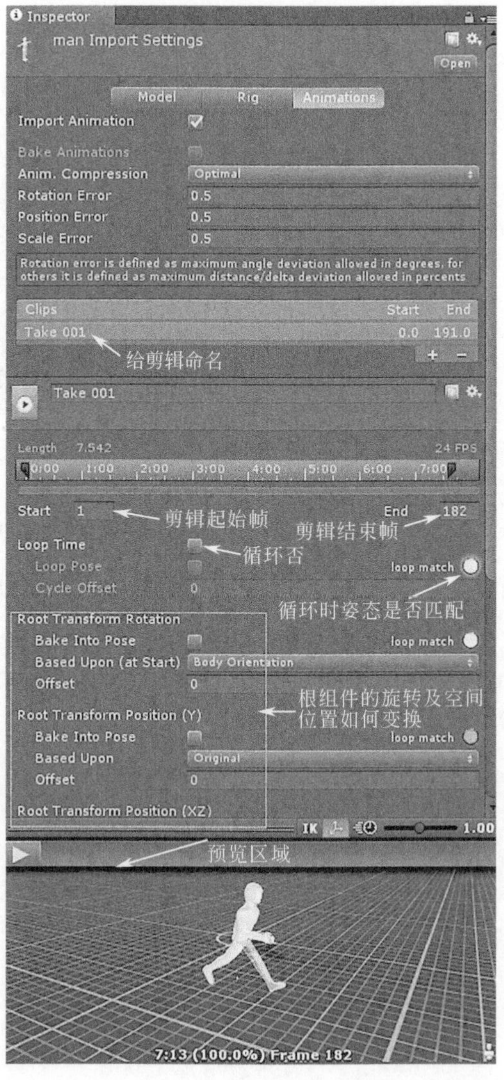

图 6-14

我们既可以拖动剪辑片段的头和尾帧标志来粗略设置剪辑，也可以在 Start、End 数值槽里输入数字来精确设置剪辑片段。对于这段 Take 001，如图 6-15 所示，我们通过点击“+”分别建立 idle、walk、run、jump 4 段动画，并分别设置其起始范围为 idle（3.0 ～ 141.0）、walk（142.0 ～ 169.0）、run（171.0 ～ 190.0）、jump（190.5 ～ 191.0）。

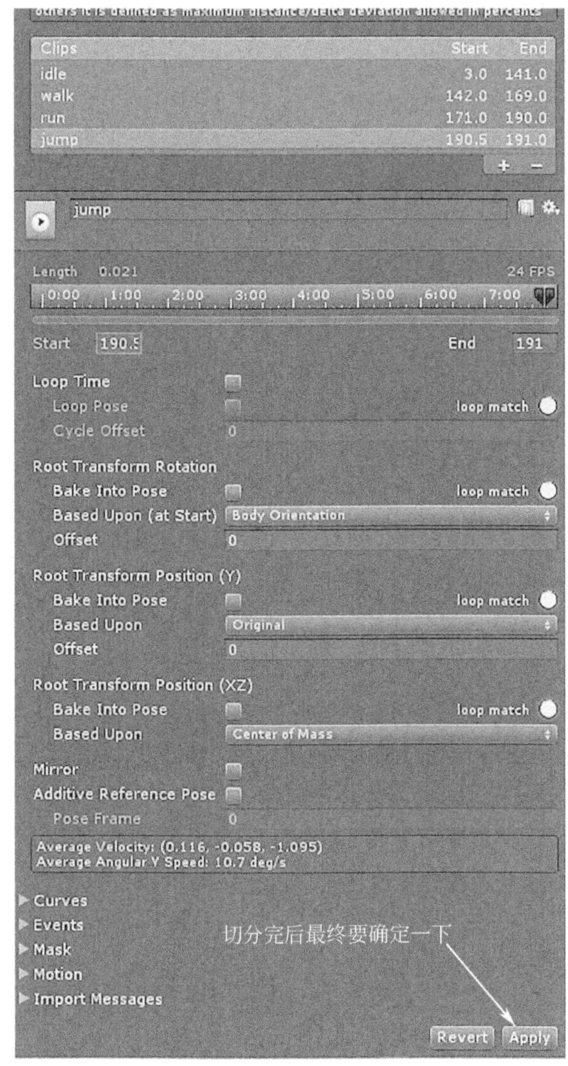

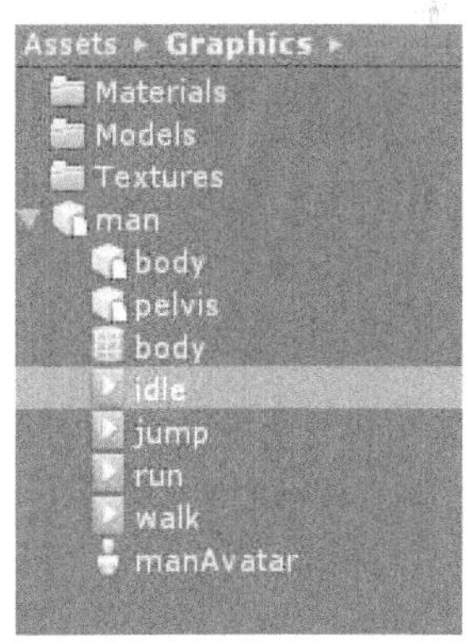

图 6-15

记住，对于每一片段务必保证其 4 项 loop match 检查的结果呈现绿色，以保证将来动画的流畅性，并且做完分割后要点击“Apply”确认分割完成。

此时，在资源面板中原先的一段 Take 001 动画资源被分成了 4 段——idle、jump、walk、run。

拥有了一些动画剪辑之后，我们就要把这些动画剪辑按照一定的逻辑（像流程图一样）排列起来，这时候就得用动画控制器——Animator Controller。

6.3 Animator Controller 及动画状态机

（1）Animator Controller

Animator Controller 也属于一种资源，它的核心是动画状态机（State Machine），我们可以在 Assets 下看到它，图标是一个呈现状态链接转换的网状图，如图 6-16 所示。

图 6-16

模型、动画、Animator 三者关系如果用提线木偶比喻就好理解了。如果模型是木偶，Animator 就是操控木偶的表演者，木偶的运动姿态片段记录下来就是动画。记录一些典型的骨架姿态，如 idle、walk、run、jump、kick、shoot 等，就可以使用状态机转换并连接在一起，组合成各种情境，实现了复杂动画。实际上，现在人形动画主要就靠动作捕捉仪器来录制关键节点数据，准确省时，不再需要动画师一帧一帧地调出来了。

知识拓展　人机自然交互技术——人体运动捕捉技术

人体运动捕捉技术首先记录人体动作，然后把记录下来的动作完全附加到虚拟场景中的一个角色身上，让虚拟角色表现出真实人物的动作效果。从应用角度来看，运动捕捉设备主要有表情捕捉和肢体捕捉两类；从实时性来看，运动捕捉设备可以分为实时捕捉和非实时捕捉两类（《阿凡达》电影中两类都有）。运动捕捉设备一般分 4 部分：传感器、信号捕捉设备、数据传输设备和数据处理设备。传感器是固定在人体上的跟踪装置，它可以向系统提供人体运动的位置信息，这并不需要捕捉表演者身上每个点的运动轨迹，而是捕捉各个关键点的信息即可，例如肩膀、手腕、膝盖、手肘等部位，它会根据捕捉的细致程度来确定人体的关键点位置和数量；信号捕捉设备负责捕捉并识别传感器的信号，根据传感器提供的信号类型不同，捕捉设备的实现方式也会有所区别，对机械系统来说，它可能表现为捕捉电信号的电路板，对于光学系统来说，它可能表现为高分辨率的红外摄像机；数据传输设备将大量的人体运动数据从信号捕捉设备快速、准确地传输到计算机系统中进行处理；数据处理设备将系统捕捉到的数据进行修正处理，计算传感器的运动轨迹，然后与三维角色模型相结合，完成虚拟现实系统特定的需求。

（2）动画状态机

如果把动画剪辑放到动画控制器中，就不称它为动画剪辑了，而是称为状态机。每个动画控制器都可以看作是一个状态机，我们把这个专门控制动画逻辑的状态机称为动画状态机。状态机就是用来设置当前任务角色应该播放哪个动画剪辑、应该改变哪些动画、播放到某进度时激发哪些事件以及应该混合哪些动画……

一个简单的动画控制器可能仅仅包含一两个动画剪辑。如果想要做出更加流畅、更加绚丽的动画可能需要在这个动画控制器的状态机中使用十多个动画剪辑，特别是在制作人形动画的时候，动画剪辑会更丰富，状态机连线会更加复杂。

总之，如果把动画剪辑看作是一个一个的电影镜头的话，那么使用动画控制器中的状态机设置 Animation Clip 状态转换，就相当于剪辑师对影片片段组装、调整形成电影影片。

在项目资源管理面板中右击，然后选择“Create”→“Animator Controller”，建立一个动画控制器资源并命名为ManController，将其拖动到Animator组件的Controller属性槽中（见图6-17）。

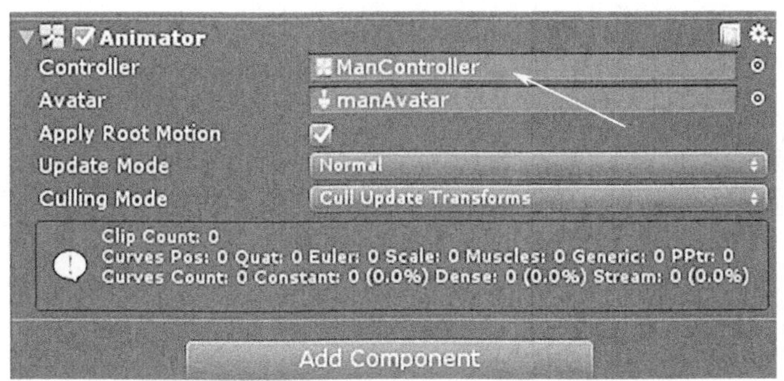

图6-17

双击“ManController”资源，此时将会打开另一个窗口——“Animator”窗口，实际上它是一个动画的状态机窗口，其中，默认有“Any State”和“Entry”状态。我们将idle、walk、run、jump等状态依次拖入并右击“Make Transition”设置变换连线，最后得到图6-18所示结果，其中idle呈现橙黄色，表示它是默认状态。变换要依靠控制参数，下面来创建这些参数。在箭头所指处单击“+”按钮添加一个布尔值jump和一个浮点值speed，通过代码控制值的变动就可以触发动画状态的切换。先单击“Transitions”变换线，在Inspector视图中进行查看或设置，单击“idle→walk”变换线来修改从发呆状态到行走状态的切换条件，选择walkspeed、Greater和0.1，关闭“Has Exit Time”（不允许动画中断），点击“Settings”选项旁的三角形，以便看到整个下拉选项，有些状态可以打断当前状态，此时把“Interruption Source”选项从None改为Current State，如图6-19所示。对于动画切换所花费时长，我们可以在Inspector视图中进行可视化调整，可以通过Alt+鼠标左键单击平移图表，Alt+鼠标右键单击缩放图表（这

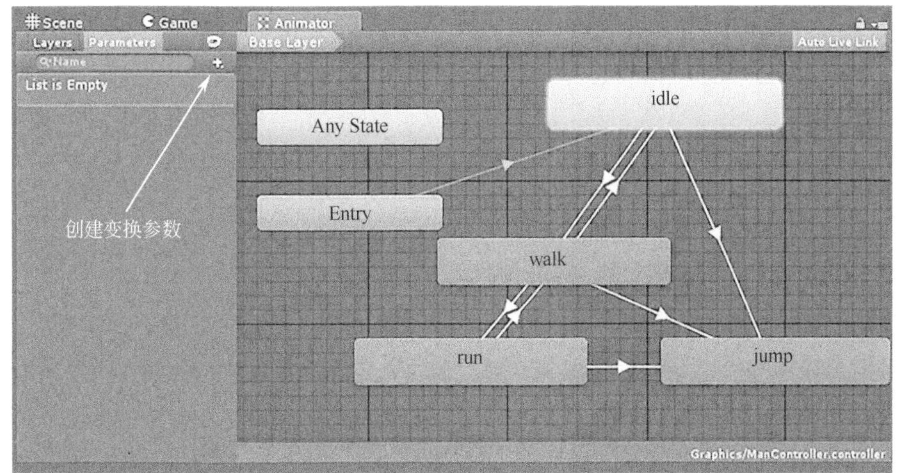

图6-18

如同在 Scene 视图中的操作），通过选择某动画状态节点可以查看有关该节点的所有变换，在状态机视图中可以拖动节点来重新安排节点网格顺序。

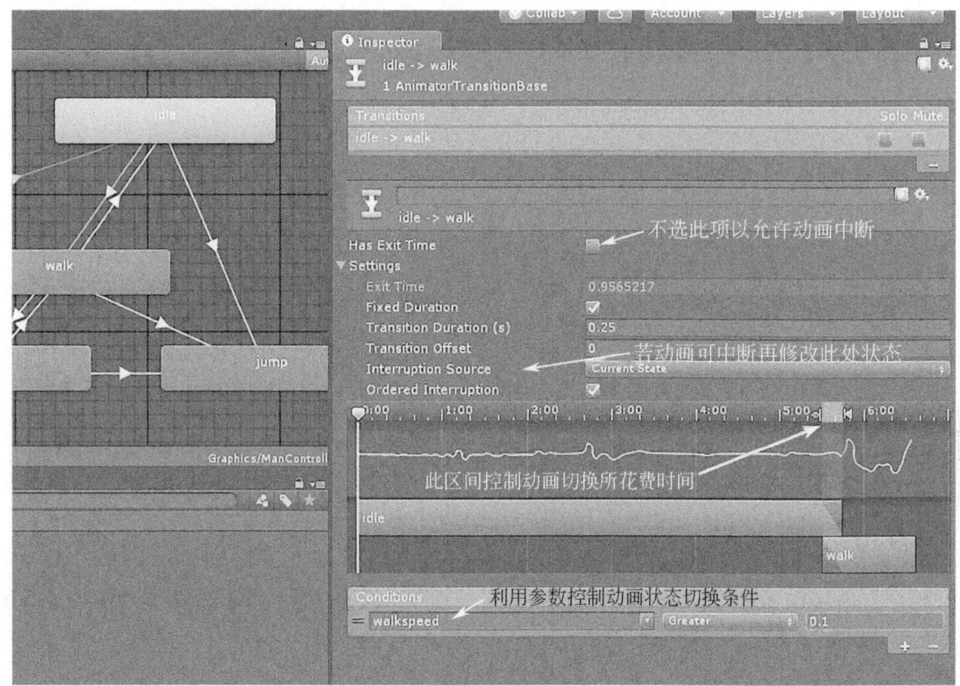

图 6-19

继续将“walk → run”的条件设置为 speed 大于 0.1，“walk → idle”的条件设置为 speed 小于 0.05，“idle → jump”以及“run → jump”的条件设置为 jumping=true，“jump → idle”的条件设置为 jumping=false。

下面使用代码将用户交互与动画状态切换关联起来，代码如下。

```
Animator myAnim;
void Start(){
myAnim=GetComponent<Animator>();
}
void Update(){
myAnim.SetBool("jump",Input.GetKeyDown(KeyCode.Space));//起跳
//myAnim.SetFloat("speed",Input.GetAxis("Vertical")*InitSpeed);行走
}
```

（3）Humanoid 人形动画

人形动画之所以特殊，就是因为我们人体的骨骼是相似的，而运动姿态是由骨骼牵引依附其上的肌肉再带动器官、表皮以至全身所形成的，因此人形角色的姿态转换所形成的动画是相似的，这样就意味着一个人形动画完全可以用于另外一个人物模型，这也就是人形动画的重用或者叫作重定向（Retargeting）。我们实现人形动画重用的关键就是使用 Avatar。

6.4 Avatar、Avatar Mask、Layer、Timeline 等概念

6.4.1 Avatar、Avatar Mask、Layer

Avatar 其实就是建立了一套骨骼映射，把人物模型的骨骼映射成 Unity 3D 中标准的骨骼模型。人形角色都包含着类似的骨骼，而 Avatar 可以对角色中包含的骨骼结构和角色模型进行分析与识别，并与 Mecanim 中已有的标准人类骨骼进行对比后规范标示。角色模型通过 Avatar 可以被 Mecanim 系统所识别，并赋予其一种规范而通用的骨骼结构，且把一套符合该结构的动作直接用到另一副骨骼上，这叫骨骼重定向——Retargeting。

Avatar Mask 在有些书中称为 Body Mask（身体遮罩），也可以理解为身体部件开关，用于使某些骨骼不播放动画，从而临时屏蔽身体这部分的运动，它也是可以创建的一种动画资源。在 Project 面板中右击鼠标，执行“Create”→“Avatar Mask”，然后命名为 Kick（这里创建它的作用是打算让身体其他部分不动，只有右腿可以踢），这时发现创建了一个相似于 Avatar(骨头色)但又有区别的新资源类型 AvatarMask（呈现红色）。双击刚建立的名为 Kick 的 Avatar Mask，在其 Inspector 面板中展开名为 Humanoid 的设置面板，在其中点红（相当于被禁止运动了）身体各部只保留右腿呈现绿色(绿色部分表示可以照常动画)，如图 6-20 所示，于是一个可以和层功能结合用于制作踢腿的身体遮罩资源就制作好了。

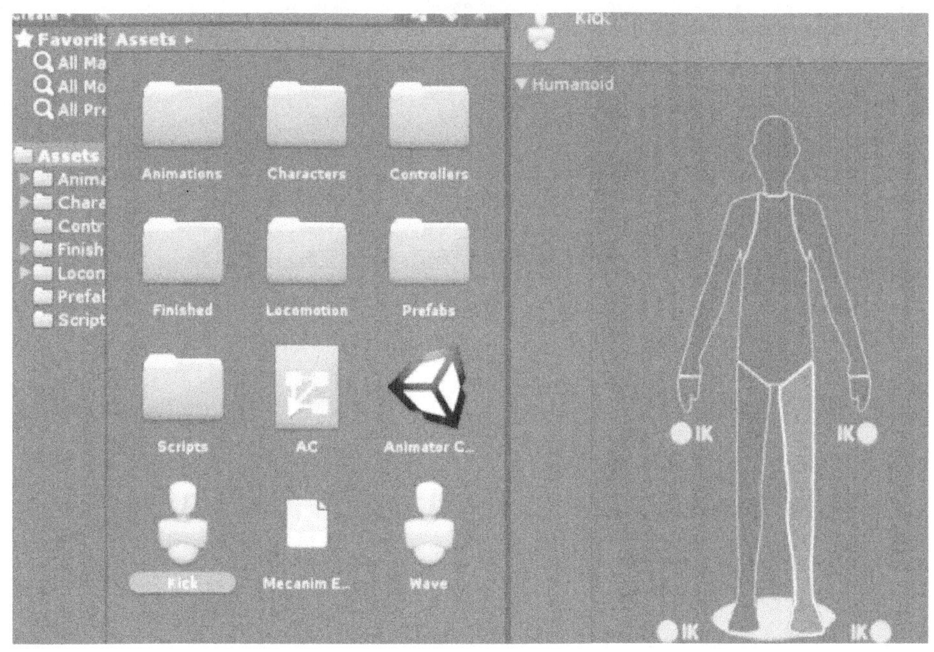

图 6-20

层（Layer）可以实现层动画的融合，即同一副骨骼上的两个动画同时播放，如欲实现下半身跑步，上半身投掷标枪，就要使用 Avatar Mask 做动画的层融合来达到目标。如图 6-21 所示，

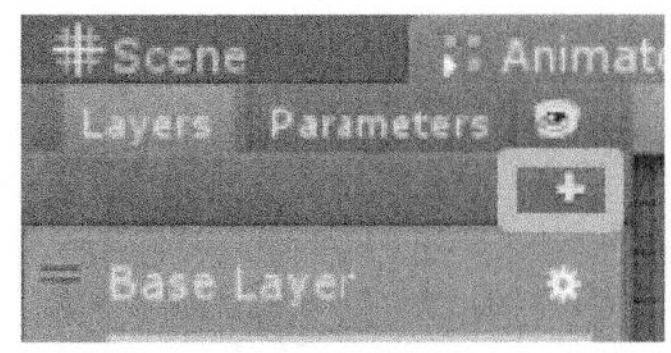

图 6-21

默认层中只有一个默认的 “Base Layer”（其中使用了禁用上肢的 Avatar Mask），点击 Layers 面板右上角的 “+” 创建一个新层，命名为 Wave。现在有了两个层——Base Layer 和 Wave（见图 6-22），前者实现整体动画逻辑，Wave 只做上臂挥手的帧融合。我们已经制作好了右臂挥手的名为 Wave 的 Avatar Mask（见图 6-23），点击 Wave 层右边的小齿轮进行设置，Weight 保持默认值 1，Blending 为 Override，Mask 设置为名为 Wave 的 Avatar Mask。如图 6-24 所示，点击 “Wave” 层，在其状态机中进行设置，添加一个空白状态，命名为 Null，默认它将是入口状态，呈黄色，Entry 状态指向它，然后将名为 Wave 的 Animation Clip（其中记录了关节挥手的骨骼数据）拖入，在 Null 和 Wave 状态间添加过渡，这个角色的层融合就制作好了，角色可以边行动边挥手。

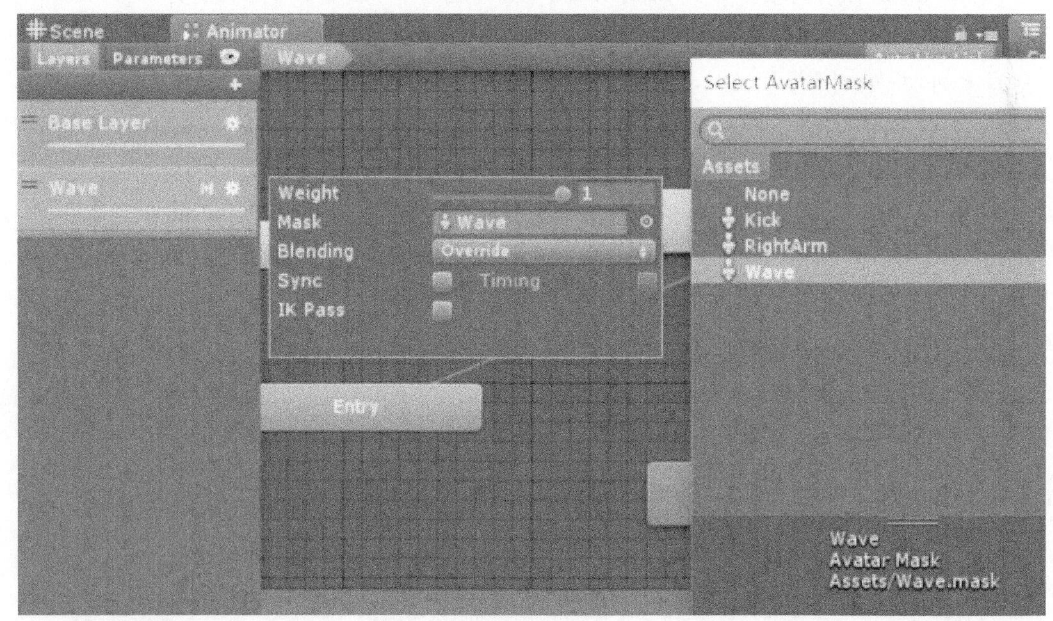

图 6-22

6.4.2 TimeLine

游戏中可能同时会有很多模型，Unity 3D 又提供了 Timeline 编辑工具，它用时间线来管理模型的进度关系。Timeline 是一个线性编辑工具，用于序列化不同元素，包括动画剪辑、音乐、音效、摄像机画面、粒子特效及其他 Timeline，它主要是为实时播放而设计，游戏中的过场动画或者其他 3D 动画片段制作需要使用它。相信大家看过《黑客帝国》会惊叹于其中的子弹时间（尼奥躲避子弹的镜头）。Unity 3D 使用 Timeline 加速或者减速游戏里的时间，这样不更改运动代码也可以获得对象运动速度的改变，轻易做出 “子弹时间” 效果。

图 6-23

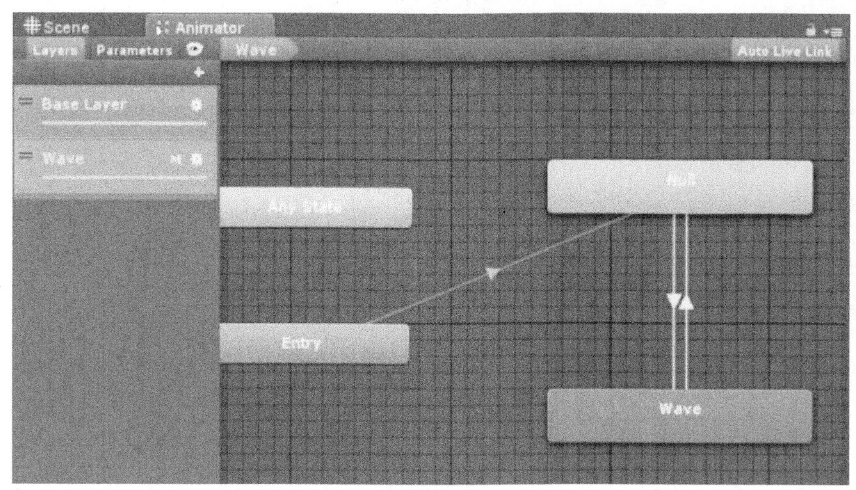

图 6-24

第6章思考练习题与答案

思考练习题

1. 请描述游戏动画的种类及其原理。

2. Animator.CrossFade 命令作用是（　　）。

A. 动画放大　　B. 动画转换　　C.Update　　D.OnMouseButton

3. Mecanim 系统中，Body Mask 的作用是（　　）。

A. 指定身体的某一部分是否参与骨骼动画　　B. 指定身体的某一部分是否参与物理模拟

C. 指定身体的某一部分是否可以输出骨骼信息　　D. 指定身体的某一部分是否参与渲染

4. 以下关于动画控制状态转换图的说法错误的是（　　）。

A. “Animator”组件必须结合动画控制状态转换图才能够工作

B. 动画控制状态转换图是扩展名为“.controller”的文件，是一种 Unity 3D 资源

C. 动画控制状态转换图中不同“状态”对应不同的“动画片段”，状态之间的切换取决于是否有转换路径及转换条件是否满足

D. 动画控制状态转换图中的属性用于设置状态转换条件，属性类型有“float”“int”和“bool”三种

5. 以下关于“Animator”组件的说法，错误的是（　　）。

A. “Animator”组件用于控制游戏对象的动画

B. “Animator”组件的“Controller”属性用于指定动画控制状态转换图

C. 在 Unity 3D 中录制了简单动画的游戏物体会自动添加“Animator”组件

D. 只有人形角色对象才能使用“Animator”组件

6. 操作题

（1）就所发的 FBX 文件执行导入人形角色，并进行动画分割。

（2）在上面基础上使用状态机控制器控制人物行走、跑步、跳动，并编写相应代码。

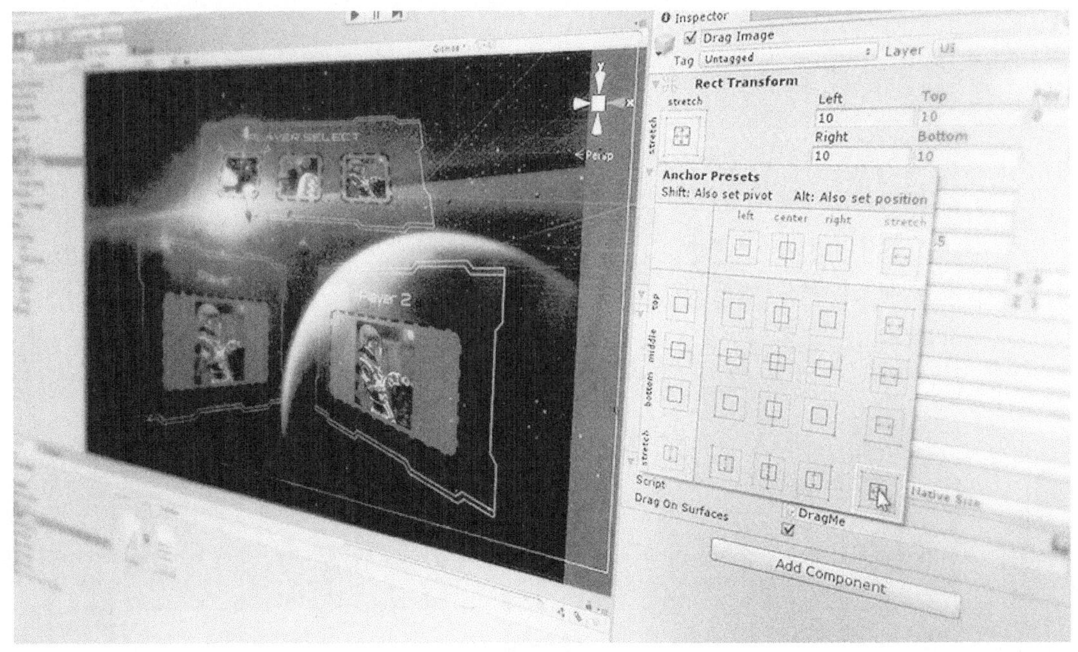

第7章

Unity 3D界面设计UGUI

本章素质技能目标

掌握 VR 开发中图形化用户操作界面的制作，界面中的元素有文本、图片、按钮、分级菜单、滑块、选择界面元素，每样元素具有或多或少的控制属性，它们互相搭配进行组合，给用户呈现一个丰富清晰的交互界面，对于这些类别丰富的元素要通过实践练习逐一掌握，在此过程中培养举一反三、融会贯通的学习能力，培养 IT 业自学能力这一职业素养。界面设计属于 UI 设计类，强调培养简洁精炼、重点突出以及高水平的审美能力。

图形化的用户操作界面是虚拟现实系统中非常重要的部分，应该设计得返璞归真，力求让用户以最简化的操作实现所需功能，并且遵循用户的操作习惯。如果有大量选择信息需要展现，应该分等级在界面中展现。界面中的元素有文本、图片、按钮、分级菜单、滑块、选项等，它们互相搭配进行组合，给用户呈现一个丰富清晰的交互界面。Unity 3D 自 4.6 版开始，在借鉴了第三方广受好评的 NGUI 系统后推出了自己的 UGUI 系统，经过几年的发展完善，功能日益强大，所以大家逐渐转向使用 UGUI 系统来设计界面。

对于 UGUI 的好处一般认为有以下几点：

① 所见即所得的编辑方式是相对旧的 OnGUI 的最大改进；

② 采用在画布（Canvas）上布局各种图形界面构件的方式来设计（见图 7-1），并且加入了 RectTransform 组件及锚点系统来帮助准确布局；

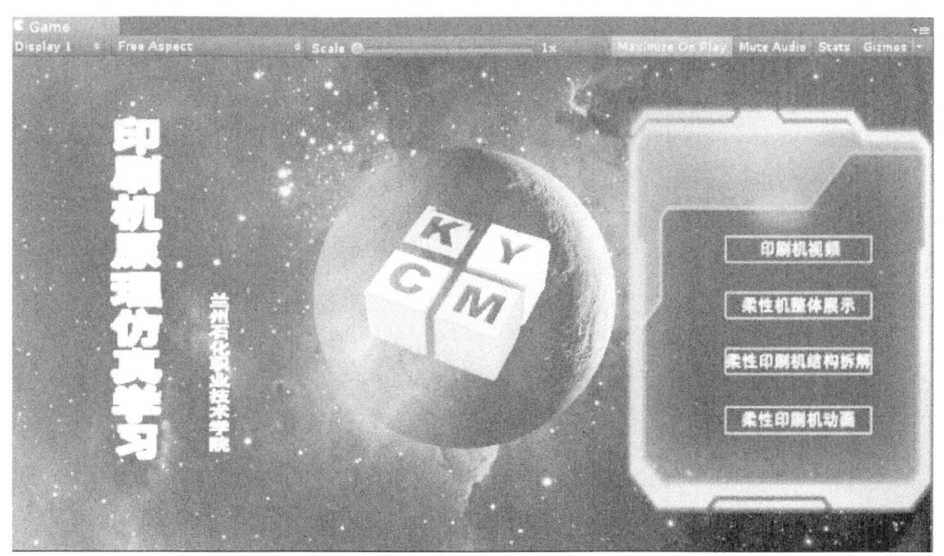

图 7-1

③ 将界面元素互相遮挡关系与元素在 Hierarchy 面板中的先后次序相关联，调整遮挡就简易直观了；

④ Sprite Packer 协助自动生成图集，简化了图集制作流程；

⑤ 采用全新事件机制，相比界面元素需要每帧渲染输出的 OnGUI 系统效率更高。

在推出 UGUI 系统的同时，Unity 3D 也保留了早期的立即化界面 OnGUI 系统，所以 Unity 3D 里有新旧两个 UI 设计系统可供使用。

本章学习重点：Canvas，Panel，Event System, 各种界面控件。

7.1 Canvas 组件

Canvas 是画布，所有的 UI 组件就绘制在这个画布里，脱离画布，UI 组件就不能用。创建画布有两种方式：一是通过菜单直接创建；二是直接创建 UI 组件时，会同时自动创建一个容纳该组件的画布。不管用哪种方式创建画布，系统都会自动创建一个 Event System 组件，这是 UI 的事件系统。

7.1.1 Canvas 组件的 3 种渲染模式

在 Canvas 中有一个“Render Mode”属性（见图 7-2），它有 3 个选项，分别对应 Canvas

的 3 种渲染模式：Screen Space-Overlay、Screen Space-Camera、World Space。

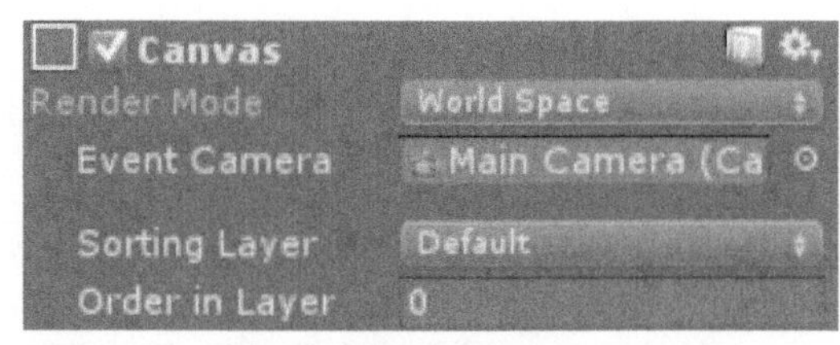

图 7-2

Screen Space-Overlay：此模式下 UI 画布蒙在屏幕上，可以用于显示纯 UI 界面。

Screen Space-Camera：可以理解为 UI 画布蒙在摄像机上，摄像机属性的改变会影响到 UI 属性的变化，此模式用于显示 UI 和 3D 物体相结合的界面。

World Space：这种模式下 UI 是蒙在世界空间中的物体上的，如同 3D 空间中广告牌上贴的广告的效果。这个就是完全 3D 的 UI，也就是把 UI 也当成 3D 对象，如摄像机离 UI 远了，其显示就会变小，近了就会变大。

UI 组件在视觉方向上的显示顺序是由 Hierarchy 中的排序、组件的排序（Sort Order）共同决定的。

7.1.2 Canvas Scalar 组件

UI 在设备屏幕上的适配方式有 3 种：

① Constan Pixel Size：固定像素尺寸。

② Scale With Screen Size：以宽度为标准缩放（屏幕自适应特性，这是最为常见的）。

a. Reference Resolution：参考分辨率。在不同分辨率下，控件显示的大小有所不同，这要根据实际情况综合考虑。

b. Screen Match Mode：屏幕匹配模式。

- Match Width Or Heigt：匹配宽度或高度。此模式下会出现 Match 调节滑杆，调节其控块位置，会影响 UI 元素显示的大小。
- Expand：扩展。
- Shrink：收缩。

③ Constant Physical Size：固定物理尺寸。

7.2 Panel（面板）

初次创建 Panel 后，它会充满整个画布，此时通过拖动该面板的 4 个角点或 4 条边可调节面板的大小。实际上面板就是一个容器，在其中可放置其他 UI 控件，当移动面板时，放在其中的 UI 控件就会跟随移动，这样我们可以更加合理、方便地移动与处理一组控件，也就是通过面板把控件分组。一个功能完备的 UI 界面，往往会使用多个 Panel 控件，而且一个面板里还可套用其他面板。

当我们创建一个面板后，此面板会默认包含一个 Image（Script）组件（见图 7-3）：该组件中的“Source Image”用于设置面板的图像；“Color”可用于设置面板的颜色。

Canvas 组件的 Inspect 面板中有一个 Rect Transform 组件，它继承自 Transform 组件，其

属性只读，不可修改。在 UGUI 中，我们所创建的所有 UI 控件，都有一个 UI 控件特有的 Rect Transform 组件。

我们所创建的三维物体是 Transform，它用于控制 UI 控件在二维矩形区域的排布，其中，Pos X、Pos Y、Pos Z 指的是 UI 控件在相应轴上的偏移量（见图 7-4）。

图 7-3

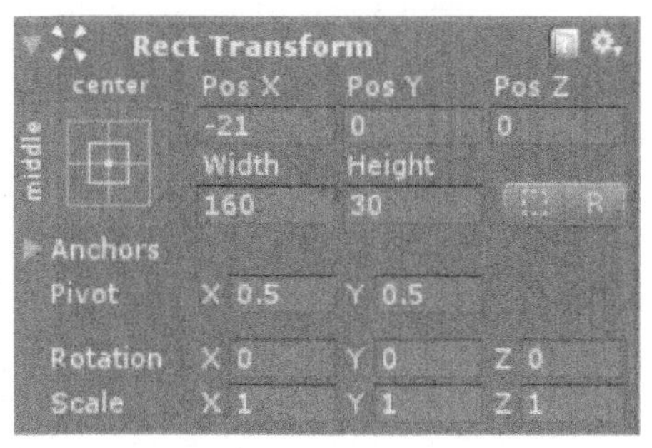

图 7-4

UI 控件除了包含 Rect Transform 组件外，每个 UI 控件都还有一个 Canvas Renderer 组件，它是画布渲染组件，因它不能点开，一般对其不做处理。

7.3 Event System（事件系统）

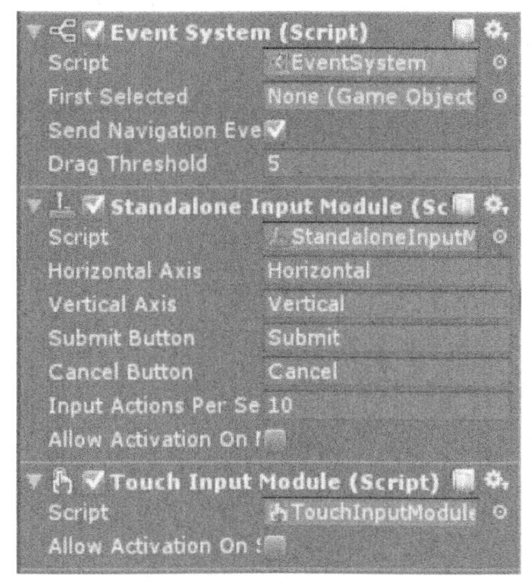

图 7-5

当创建一个画布时，Unity 3D 系统会自动创建一个 Event System，该事件系统中有 3 个组件，如图 7-5 所示。

① EventSystem：事件系统组件（事件）。

② Standalone Input Module：独立输入模块（输入）。

③ Touch Input Module：触控输入模块（触控）。

如果将 Event System (Script) 前的钩去掉，管理整个场景的事件系统就不起作用了，此时运行程序，如果有 Button，单击它时就不会有反应。

7.4 Text 控件

Text 控件的相关属性如下。

（1）Character（字符）

Font：字体。

Font Style：字体样式。

Font Size：字体大小。

Line Spacing：行间距（多行）。

Rich Text：“富”文本。例如 U<b>G</b>U</i>I<volor="yellow"> 学 </color> 习。

Color：字体颜色。

（2）Paragraph（段落）

Alignment：设置文本在 Text 框中的水平以及垂直方向上的对齐方式。

Horizontal Overflow：水平方向上溢出时的处理方式。它有两种：Wrap 隐藏、Overflow 溢出。

Vertical Overflow：垂直方向上溢出时的处理方式。它有两种：Truncate 截断、Overflow 溢出。

隐藏或截断会使信息显示不全，这当然不好；如果溢出，又会破坏版面。想两全其美的话，可选中“Best Fit”选项，如果文字多时，文字会自动缩小以适应文本框的大小。当选中该项后，在其下边会出现“Min Size”与“Max Size”两个输入框，可设置字体变化时的最小值与最大值。

7.5 Image 控件

Image 控件除了有两个公共的组件 Rect Transform 与 Canvas Renderer 外，默认情况下就只有一个 Image(Script) 组件（见图 7-6）。“Source Image”用于设置要显示的源图像，但把一个普通的图像往里拖放时，却不能成功放入。认真观察不难发现，放图像的框中，除了 None 表示还没有图像外，还有一个括号注释的 Sprite，它的意思是“精灵”，可理解为它是贴图的一种特殊形式，不具备其他功能，只给 UI 做显示图片用，故给它取了一个特殊的名字：精灵（Sprite）。因此在 Unity 3D 4.6 中，要想把一个图片赋给 Image（Script），则需要把该图片转换成精灵格式。转换方法为在 Project 中选中要转换的图片，然后在 Inspector 视图中单击“Texture Type”（纹理类型）右边的下拉框，弹出菜单，第三项“Editor GUI and Legacy GUI”是 Unity 3D 4.6 以前版本所使用的，选中它时，图片不会被拉伸，现在几乎不用，设置在此处是为了兼容，第四项 Sprite(2D and UI) 就是 4.6 版本所使用的，它虽然比前一项适用的范围窄，但其效率更高，选中“Sprite(2D and UI)”并点击下方的“Apply”（应用）按钮就可把此图片转换成精灵格式，如图 7-7 所示。随后就可将图片拖放到 Image（Script）的“Source Image”

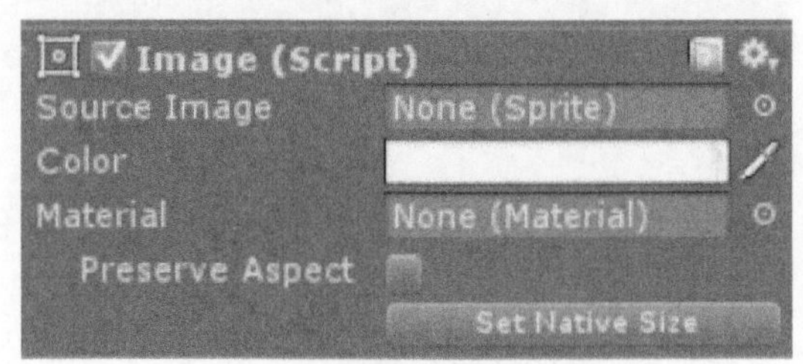

图 7-6

中了。当我们把一个普通的图片转换成精灵格式后，在 Project 中，将发现该图片包含一个子对象，如图 7-8 所示，因此以后可以使用此方法把一个图片划分为多个图片。当我们把精灵图片赋给了 Image（Script）后，其组件样式如图 7-9 所示。

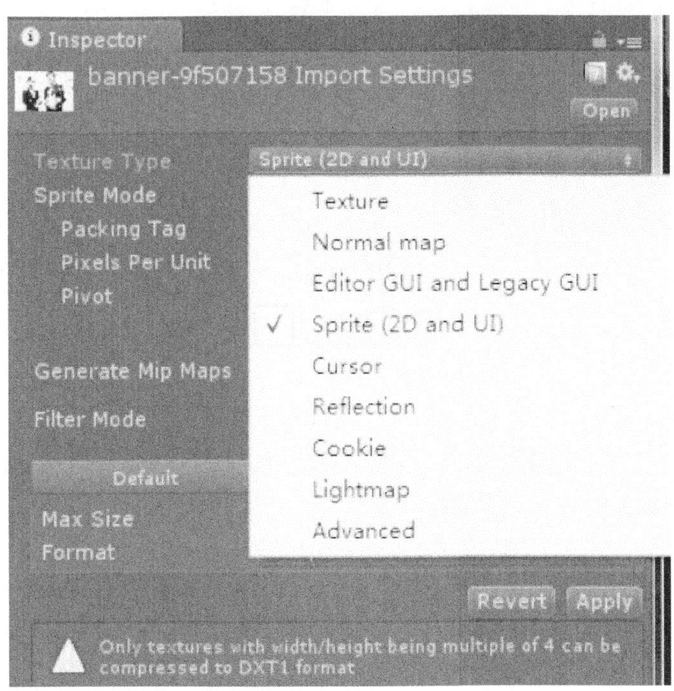

图 7-7

banner-9f507158
banner-9f507158

图 7-8

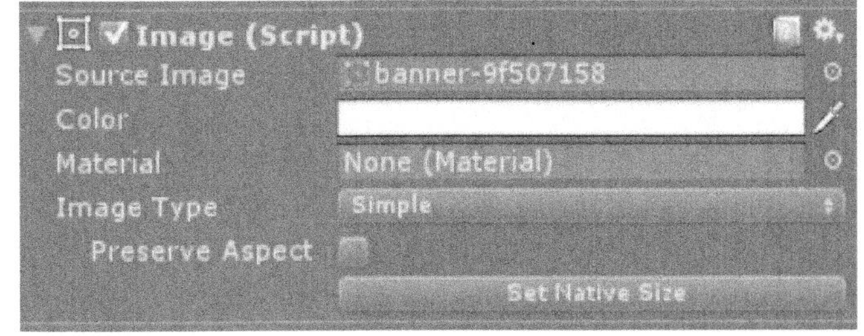

图 7-9

Color：用于设置图片的颜色。

Material：材质，针对一些复杂的贴图使用。

Image Type（见图 7-10）：贴图的类型，这是最重要的属性。

① Simple：简单。

Preserve Aspect：翻译过来是维持外貌。选中该项后，该精灵图片的长宽比将保持原状，当调节图片的大小时，它将在保持原长宽比的前提下尽量铺展到图片框中，即不会拉伸或压缩以适应图片框而铺满。

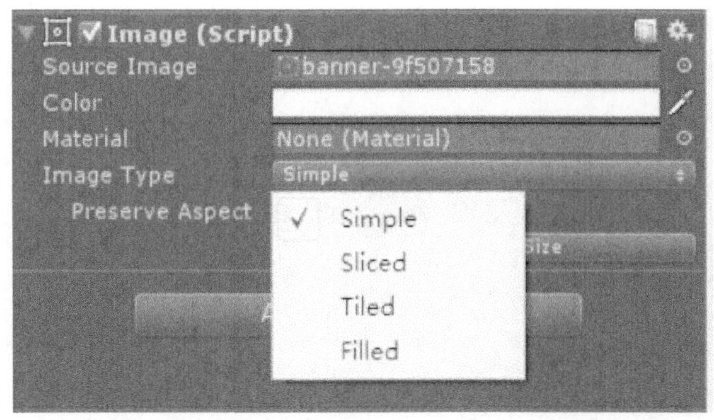

图 7-10

Set Native Size：本来的大小。如果调整后大小变了，单击此按钮可将此图片设置成本来的大小。

② Sliced：片。

应用该类型时，应先将贴图进行“九宫格”处理。在 Sprinte Editor 视窗中，可以拖动图像四条边上的绿色线，调节九宫格的布局大小，调好后单击顶端的“Apply”按钮即可，回到 Image（Script）的检视图中，可以发现原来的警告消失了。

在“Image Type”为 Sliced 时，对图像进行大小调节，其中心会缩放以适合矩形，但边界保持不变，这样当显示不同尺寸的图像时，不用担心扩大与缩小会使其轮廓发生变化。如果只想要边界，不要中心，可以禁用“Fill Center”（填充中心）属性。

③ Tiled：平铺。

图像保持原始大小，重复多次填补空白。

④ Filled：填充。

图像填充满整个 Image（Script）矩形区域，可再结合 Fill Amount 属性做一些特效。

当图片类型为 Filled 时，其 Image 组件的属性视图如图 7-11 所示，“Fill Method”（填充方法）选择框中有 5 种填充方法。

a. Horizontal：水平填充，如果手动拖动“Fill Amount”（填充数量）滑块，就可看到图片在水平方向上的填充变化（动画）。

b. Vertical：垂直填充，当手动拖动“Fill Amount”滑块，就可看到图片在垂直方向上的填充变化（动画）。

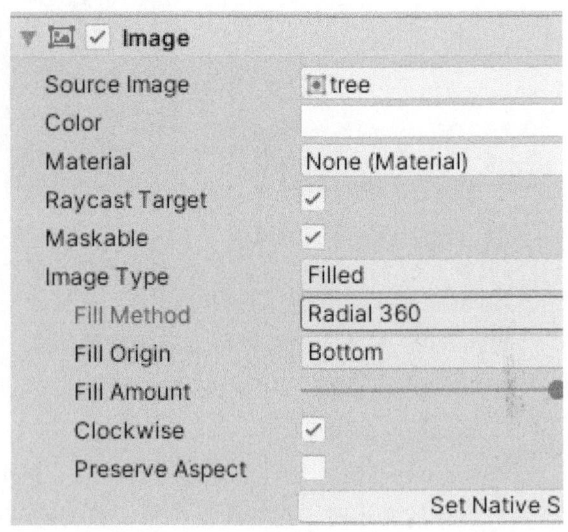

图 7-11

c. Radial 90：径向 90° 填充，当手动拖动“Fill Amount”滑块，就可看到图片在 90° 范围的填充变化（动画），默认是以左下角为圆心，顺时针 90° 填充。

d. Radial 180：径向 180° 填充，当手动拖动“Fill Amount”滑块，就可看到图片在 180° 范围的填充变化（动画），默认是以底边中点为圆心，顺时针 180° 填充。

e. Radial 360：径向 360° 填充，当手动拖动“Fill Amount”滑块，就可看到图片在 360° 范围的填充变化（动画），默认是以图片的中心点为圆心，顺时针 360° 填充。

如果我们使用脚本来控制 Fill Amount 的值，就可制作出这 5 种动画来，为特效的制作增加了一些有效的手段。

7.6 Button 控件

当我们创建一个 Button 后，其 Inspector 视图中除了公共的 Rect Transform 与 Canvas Renderer 两个组件外，还默认拥有 Image(Script) 与 Button(Script) 两个组件。

组件 Image(Script) 里的属性与前面所讲的 Image 控件的 Image(Script) 组件里的属性是一样的，例如“Source Image”的图像类型仍为 Sprite（精灵），通过为此赋值，就可改变此 Button 的外观了。如果为属性赋值了精灵图片，那么此 Button 的外观就与此精灵一致。

图 7-12

Button 是一个复合控件，其中还包含一个 Text 子控件（见图 7-12），通过此子控件可设置 Button 上显示文字的内容、字体、样式、字体大小、颜色等，与前面所讲的 Text 控件是一样的。

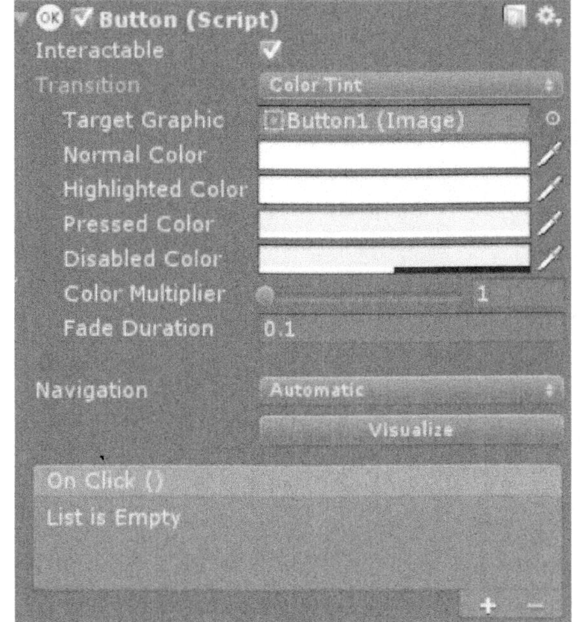

图 7-13

Button(Script) 组件里的属性（见图 7-13）

（1）Interactable：是否启用（交互性）

如果把其后的对钩去掉，此 Button 在运行时将点不动，即失去了交互性。

（2）Transition：过渡方式

它有 4 个选项，默认为 Color Tint。

① None：没有过渡方式。

② Color Tint：颜色过渡。

a. Target Graphic：目标图像。

b. Normal Color：正常颜色。

c. Highlighted Color：经过高亮色。

d. Pressed Color：点击色。

e. Disabled Color：禁用色。

f. Color Multiplier：颜色倍数。

g. Fade Duration：变化过程时间。

③ Sprite Swap（见图 7-14）：精灵交换。需要使用相同功能不同状态的贴图。

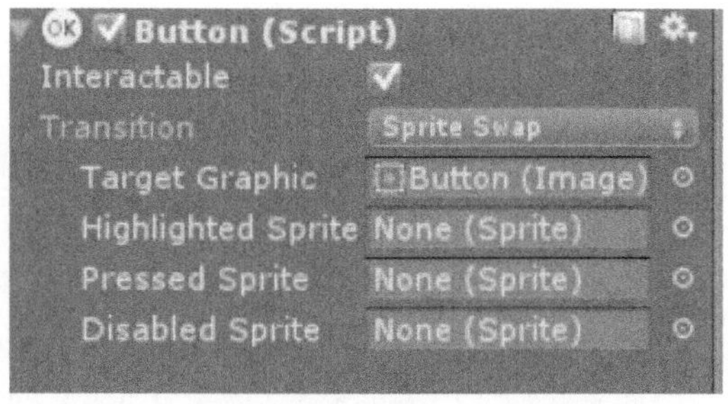

图 7-14

④ Animation（见图 7-15）：动画。最复杂，效果最绚丽。其中的 Normal Trigger、Highlighted Trigger、Pressed Trigger、Disabled Trigger 属性是不能赋值的，它们是自动生成的。

当单击“Auto Generate Animation”（自动生成动画）按钮时，系统会打开一个“New Animation Contoller”（新建动画控制器）窗口，要求选择动画存储的路径，所以要先在 Project 中新建一个文件夹，专门用来存储动画，比如此文件夹取名为 _Animator，此时就可选中此文件夹，并给此动画取名（动画的名默认为该 Button 的名字，当然其扩展名为“.controller”）。创建成功后，在 Project 中的 _Animator 文件夹中可看到刚才创建的动画文件，且在这个 Button 的 Inspector 视图中可看到为此 Button 增加了一个 Animator 组件（见图 7-16）。

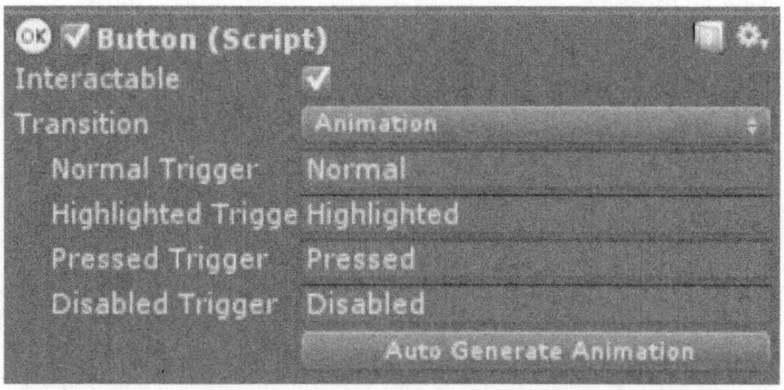

图 7-15

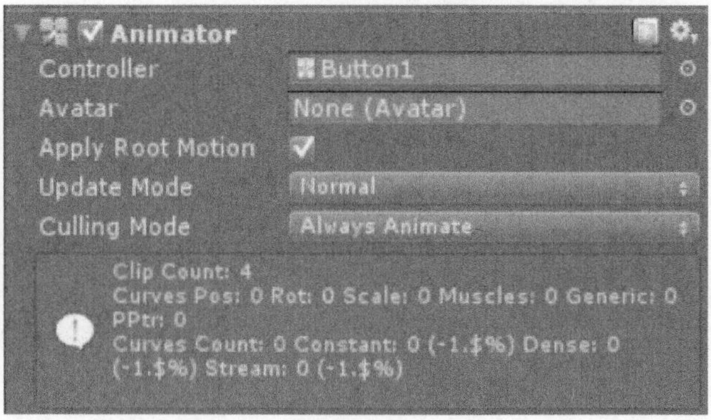

图 7-16

此组件 Controller 的属性值就为刚才创建的动画，双击它即可打开该动画的 Animator 窗口，其中记录的有 4 个动画状态：Normal、Highlighted、Pressed、Disabled（通常状态、鼠标经过状态、按下状态、失效状态），如图 7-17 所示。

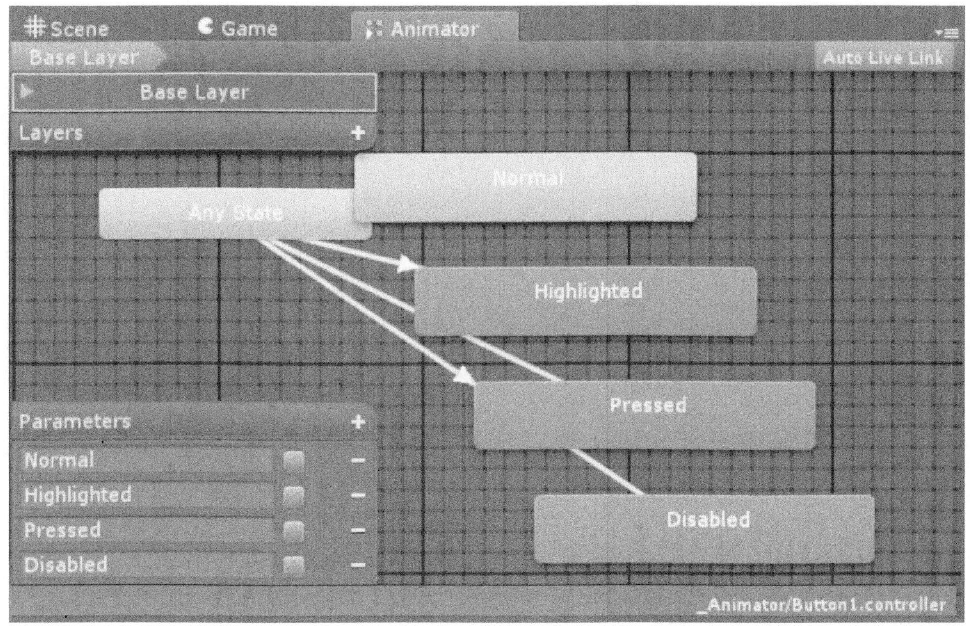

图 7-17

其实这个动画还没有生成，要做出这个动画，须先选中这个 Button，然后点击系统菜单“Window”→“Animation”（注意不是 Animator），打开一个 Animation 动画编辑窗口（见图 7-18）。我们用此工具先来做一个简单的帧动画，在帧数框上单击一下，原来的 0 便会选中，此时输入数字 1，表示对第 1 帧制作动画，此时的录制按钮 以及系统的播放按钮和动画编辑窗口中的帧数线均会变红，表示现在处于记录模式，我们所做的操作会被记录成动画的动作，如图 7-19 所示。

图 7-18

图 7-19

假设我们想在第 1 帧使该按钮变大一点，那就在 Inspector 中“Rect Transform”的“Scale”中操作，比如在 X 与 Y 轴方向上均增大到原来的 1.05 倍（因 UI 是在 *XY* 平面上显示，故无须设置 Z 值），如图 7-20 所示。

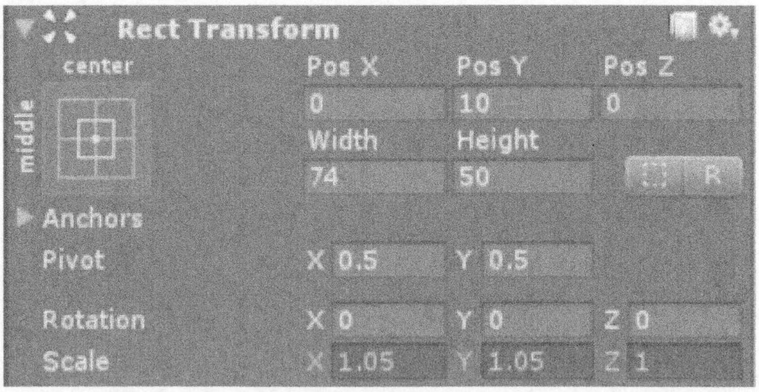

图 7-20

同理，当第一帧设置完后，在帧数框中直接输入数字 2，就可编辑第 2 帧的动画了，比如沿 X 与 Y 轴向上均增大到原来的 1.1 倍；再继续设置第 3 帧，在 X 与 Y 轴方向上均增大到原来的 1.15 倍。假设我们就只做这 3 帧动画，并且已经完成了，那么点击一下处于红色晕光状态下的录制按钮结束录制，再保存一下场景，此时发现在 Project 视图中 _Animator/Button1 下增加了 4 个动画文件——Disabled、Highlighted、Normal、Pressed（如果不保存，将看不到这 4 个动画文件），这 4 个动画文件就源于我们的录制，虽然我们只录制了一次，但系统会自动产生这 4 个动画文件。

动画成功制作出来后，可运行看看效果。当运行时发现哪个按钮会自动无限次地播放哪个动画，看起来像在不断地颤动，这是什么原因呢?

在 Project 视图中，选中任意一个动画文件，比如 Disabled，在其 Inspector 视图中可看到它的 Loop Time 属性是处于选中状态的，意思是循环播放，如图 7-21 所示，那么把此项去掉即可。在这里只去掉 Disabled 的 Loop Time 和把这 4 个动画剪辑的 Loop Time 全去掉都是能成功的。那么到底是哪个剪辑在起作用呢? 实际上是 Normal，所以只需去掉 Normal 的 Loop Time 即可。

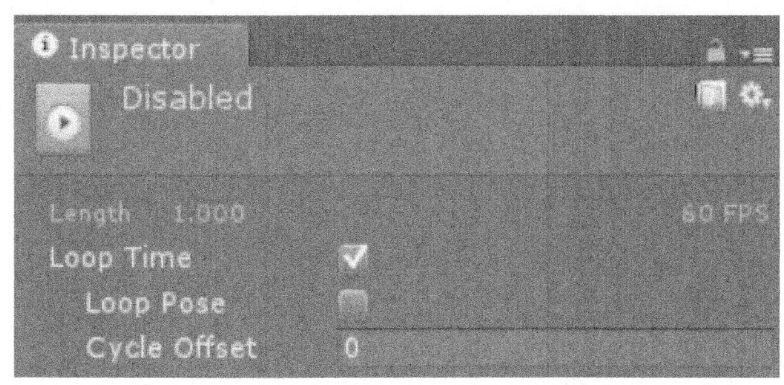

图 7-21

（3）Navigation（见图 7-22）

None：没有；

Horizontal：水平；

Vertical：垂直；

Automatic：自动；

Explicit：明确的。

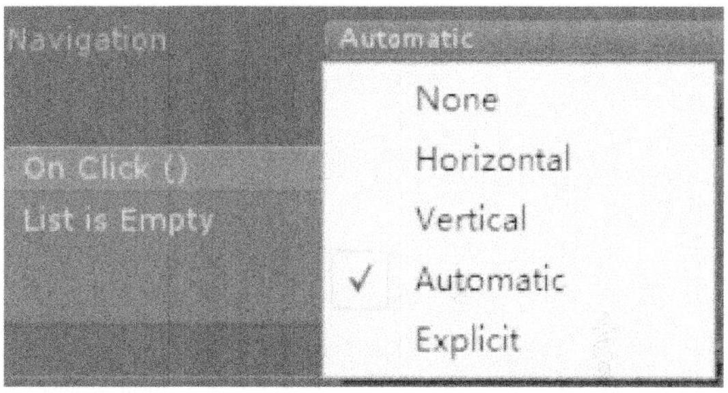

图 7-22

（4）Visualize：显现

（5）On Click()

在 Button（Script）组件的下方有一个 On Click() 选项，这就是 Button 控件处理事件的重要机制。

On Click() 表示该按钮被点击时所发生的事件，而此事件在 UI 中是委托机制，要理解这个机制，我们先做一些准备工作。

① 建立脚本文件。

假设此脚本文件被命名为 ButtonEvent：

```
using UnityEngine;
using System.Collections;
public class ButtonEvent : MonoBehaviour {
  // Use this for initialization
  void Start () {    }
  // Update is called once per frame
  void Update () {    }

  }
```

这是系统默认的文件内容，下面我们要把它应用于UI，故必须引入UI的命名空间，即脚本的首部增加一行“using UnityEngine.UI;”。

假设我们单击一个按钮后，让系统在后台显示一句话：“点击了Button！”那么我们可以在此脚本中增加一个方法，该方法为公共的（public），假设方法名为DisplayInfo：

```
Public void DisplayInfo(){
  Print("点击了Button！ ");
}
```

此时整个脚本文件的内容如下：

```
using UnityEngine;
using System.Collections;
using UnityEngine.UI;
public class ButtonEvent : MonoBehaviour {
  // Use this for initialization
  void Start () {
  }

  public void DisplayInfo(){
      print("点击了Button！ ");
  }

  // Update is called once per frame
  void Update () {
  }
}
```

② 在Hierarchy视图的Canvas中创建一个空对象，命名为Event，并把上面的脚本作为组件挂载到这个空对象上，那么这个对象就是具有事件处理能力的对象了。

③ 为某个按钮添加其事件处理的委托对象。

在层级面板中选中要产生单击事件的按钮，比如Button1，然后拖动其Inspector面板右边的滚动条，使其Button(Script)组件下的OnClick()显现出来（见图7-23）。

图7-23

此时其事件列表为空，单击其下的“+”按钮为其添加一个事件。此时事件虽被添加了，但其委托的事件处理对象为空［None(Object)］，连事件处理对象都没有，其事件处理方法自然也就为空（No Function），如图7-24所示（“Runtime Only”此项可先不管它）。

那么怎样委托事件处理对象与选择事件处理方法呢？

很简单，我们把层级面板中刚才建好的并已挂载了事件处理脚本的Event对象拖放到None(Object)框中即可，此时此框中显示的内容即为委托的此事件处理对象的名称Event了。有了委托的事件处理对象，那么使用该对象的什么方法来处理事件呢？这还需我们给它指定，其方法是单击显示内容为No Function的事件方法框，会弹出菜单列表。当我们的鼠标指向最后一项“ButtonEvent”时会继续展开，其中就有我们在脚本中编写的事件处理方法：DiaplayInfo，选中它即可，这样就完成了事件的处理。当我们运行时，单击此 Button1，系统就会在后台显示“点击了 Button！”。

图 7-24

一个按钮可以有多个处理事件。

下面我们学习另一种显示信息的方式。

先在场景中的画布上增加一个 Text 控件，同时设置好相关的显示样式，然后在上述脚本中增加一个公共变量：public Text Txt_Info；。回到场景视图中，在层级面板中选中挂载有该脚本的对象 Event，在其 Inspector 视图的 ButtonEvent 脚本组件里就会出现刚才增加的公共变量名 Txt_Info（脚本须保存且界面须刷新），我们把增加的 Text 控件拖到此处即可为此变量赋值。接下来就可通过脚本修改文本框控件的 Text 属性，让在后台显示的信息显示在这个文本框里。其脚本文件内容如下。

```
using UnityEngine;
using System.Collections;
using UnityEngine.UI;

public class ButtonEvent : MonoBehaviour {
  public Text Txt_Info;
  // Use this for initialization
  void Start () {
  }

  // Update is called once per frame
  void Update () {
  }

  public void DisplayInfo(){
      print ("点击了Button！ ");
  }
  public void DisplayInfoText (){
      Txt_Info.text="Button被点击！ ";
  }
}
```

再给此 Button 增加一个单击事件［委托的事件对象仍为 Event，方法设为 DisplayInfoText ()］，如图 7-25 所示。再次运行程序，单击按钮时，后台输出“点击了 Button！”的同时，场景中的 Text（文本）框的内容变为：Button 被点击了！

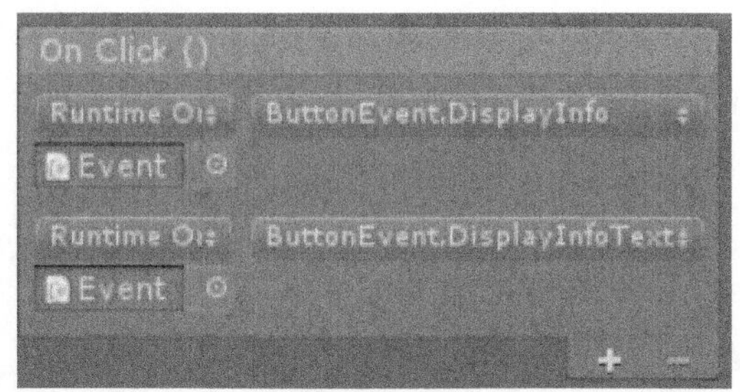

图 7-25

7.7 Anchor 锚点与屏幕自适应

每个控件下都有 Anchor 属性，其作用是当改变屏幕分辨率的时候，当前控件位置随之变换，即控件的屏幕自适应。

当我们创建一个 Canvas，在层级视图中选中它后，将发现这个 Canvas 在场景视图中除 4 条边、4 个角点外，其中心还有一个蓝色的小圆圈，这个小圆圈即为这个 Canvas 的中心点，如图 7-26 所示。

在此 Canvas 上创建一个 Button，同理 Button 也有 4 条边、4 个角点、1 个中心点，此时我们选中 Button，在 Canvas 中心点位置会出现一个小雪花图案，这就是 Button 在 Canvas 上的锚点，可用鼠标拖动它，且拖动的过程中会实时显示此锚点距上、下、左、右的百分比，如图 7-27 所示。

图 7-26

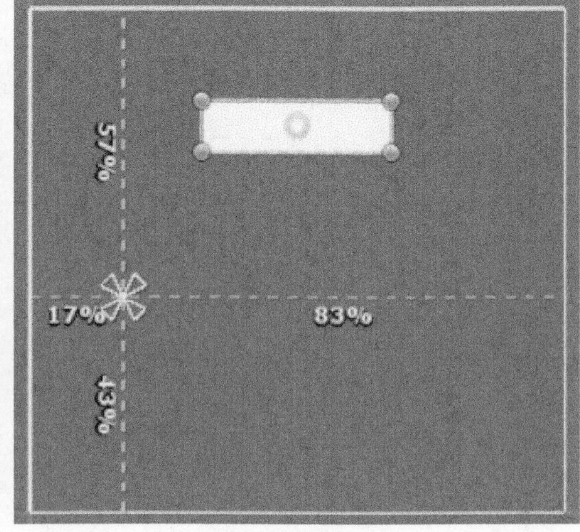

图 7-27

在 Button 的 Inspector 面板中，单击 Rect Transform 中按钮，会打开一个“Anchor presets”（锚点调整）窗口，如图 7-28 所示。

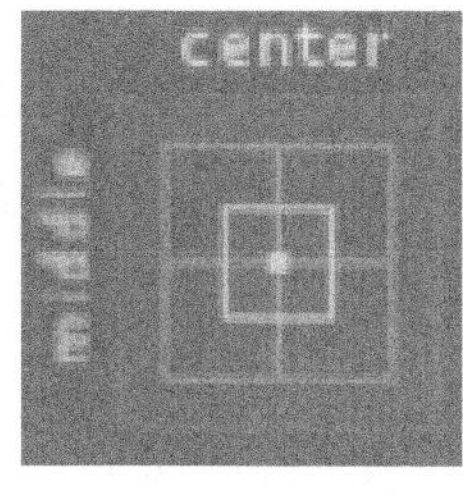

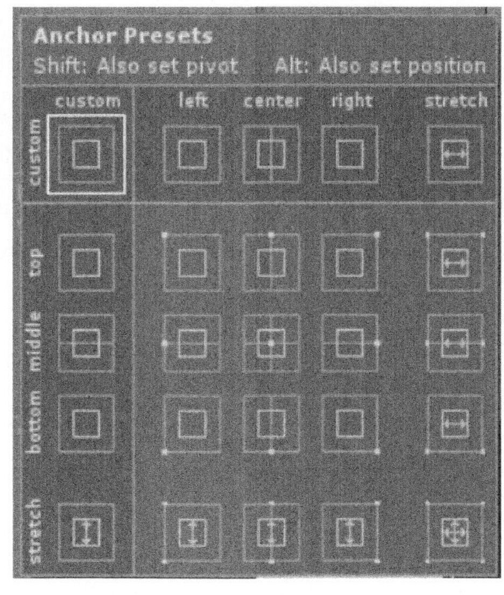

图 7-28

如果我们单击 ，其锚点就会跑到 Canvas 的右上角。同理，单击其他位置时，也会把锚点调整到相应的位置上，即可把此锚点调整到画布的中心点、4 个角、4 条边的中点。

以上是锚点整体移位。实际上，我们还可以拖动小雪花中的任意一个花瓣，使其分散成 4 个锚点，如图 7-29 所示。

当单击这个窗口中最右边或最下边一些按钮，可将锚点分散在两边或上下或 4 个角点上。

这个雪花状的锚点是由 4 个锚点组成的复合体，那它到底有什么用途呢?

两个字——定位。

如图 7-30，当屏幕大小发生改变时，Button 的 4 个角点与对应的 4 个锚点的距离会保持不变，从而保证布局不会随着屏幕大小或者分辨率的改变而改变，可相对有效地保证布局不

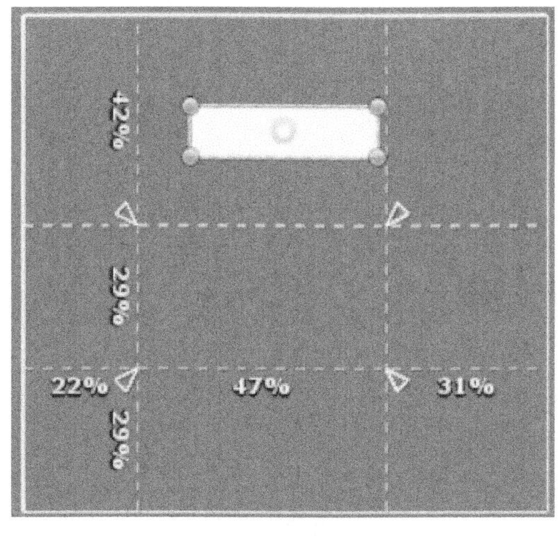

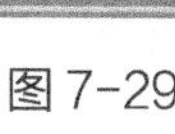

图 7-29

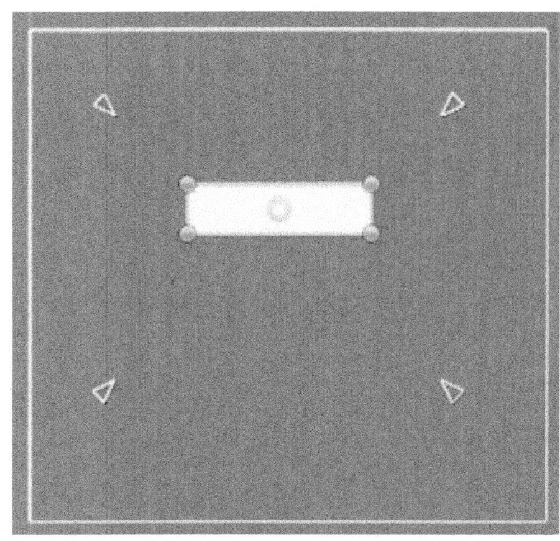

图 7-30

会混乱，以达到屏幕自适应的目的。

但要注意，控件的锚点总是相对自己的上一级来定义的。例如，再在这个 Canvas 中创建一个 Panel 并调小它，在 Panel 中创建一个 Text，去调节这个 Text 的锚点时，我们会发现这个锚点总是相对于 Text 的上一级 Panel 来定义与变换位置的。

其他控件还有 Toggle（开关）、Slider（滑动条）、RawImage（纹理贴图）、ScrollBar（滚动条）、DropDown（下拉菜单）、InputField（文本输入框）等，多数都是复合控件，限于篇幅不一一介绍了，读者可以自行学习。

第7章思考练习题与答案

思考练习题

1. 使用 Unity 3D 实现 2D 游戏有几种方式?

2. 请简述如何在不同分辨率下保持 UI 的一致性。

3. 将图片的 TextureType 选项分别选为“Texture”和“Sprite”，有什么区别？

4. 关于“血条”的设计，以下说法错误的是（　　）。

A. “血条”可以使用 Unity 3D 的 UI 对象 Image 组件来实现

B. 通过设置“血条”对象 Image 组件的“Source Image”属性来指定代表“血条”的图片

C. “血条”对象 Image 组件的“Image Type”属性应该设置为“Filled”

D. 通过设置“血条”对象 Image 组件的“Fill Amount”属性即可控制“血条”的空满，设置为 0 时血条满，设置为 1 时血条空

5. 以下关于 Unity 3D 的 UI 对象，说法错误的是（　　）。

A. “Canvas（画布）”对象是其他 UI 对象的父对象

B. “Canvas”对象“Canvas”组件的“Render Mode”属性决定了其所有 UI 子对象的渲染方式

C. “Canvas”对象“Canvas Scaler”组件的“UI Scale Mode”属性决定了其所有 UI 子对象适配不同屏幕尺寸的模式

D. 一个场景中只可以有一个“Canvas”对象

6. 操作题

（1）利用学过的知识实现一个用户登录界面，包含年龄、性别、籍贯，其中还要对用户的兴趣进行调查。

（2）利用 Unity 3D 中的 UGUI 系统实现一个音乐播放选单界面。

第8章 Unity 3D粒子系统

本章素质技能目标

粒子既可以以类似预制体这种独立个体的方式加入场景，也可以以组件的方式附加在某物上为其赋予粒子放射功能，掌握设计和制作粒子的这两种方式，以及用脚本来控制粒子系统的能力，为静态的场景加入互动和趣味。鉴于粒子系统参数面板太多，这里用两个实例串起了重要的参数，其他参数鼓励同学通过在线查阅粒子系统官方使用手册的方式来了解，更好地培养自学能力。粒子系统，聚少成多，正如荀子的《劝学》:“故不积跬步，无以至千里；不积小流，无以成江海。骐骥一跃，不能十步；驽马十驾，功在不舍……”

现实世界中不光有地形、建筑、树木花草，还有各种复杂的自然现象，如云开云合、惊涛拍岸、水流瀑布、星空、烟火、浮尘，因而显得万分生动和美丽，那么我们要在赛博空间（Cyberspace）中仿真出一个真实的世界来，必须有相应的手段来制造出这些现象。Unity 3D 中，粒子系统可以用于制作雨、雪、喷泉、爆炸、烟雾及以上所说效果，而且可以根据用户的行动进行变化反馈，吸引人们的注意力，让游戏变得有趣。粒子可为 Unity 3D 游戏场景加入生命和修饰。Unity 3D 中引入了强大的粒子制作系统，设计和制作粒子非常方便，可以用脚本来控制粒子系统，为静态的场景增添互动和趣味。

粒子系统其实属于图形美术部分，但因为面板参数多而复杂，单独作为一章讲解。

8.1 粒子系统概述

在 3D 图形学中，粒子是用来渲染某些类型的效果和材质的，这些效果和材质不能简单高效地用传统的方式进行建模。通常粒子系统是由 2D 平面形成，我们称为广告牌效果，也可以使用微小的 3D 网格模型形成，它们由一个叫作发射器的对象发出，然后经过渲染，组成酷炫的粒子群效果。如果要创建闪烁的火炬或者烟雾等复杂对象，首先要把发射器连接到对象上。发射器可以是一个简单的形状，比如球体、半球体，也可以使用一个复杂细致的网格体来创建。粒子可以沿着发射器的表面，以一定的频率和速度发射出来，相互之间重叠创造出各种的假象，如果为其附加动画和力就可以实现更多效果。也可以给粒子使用贴图，这些贴图由不同的图片平铺而成，以最简化的方式创建出各种复杂效果。

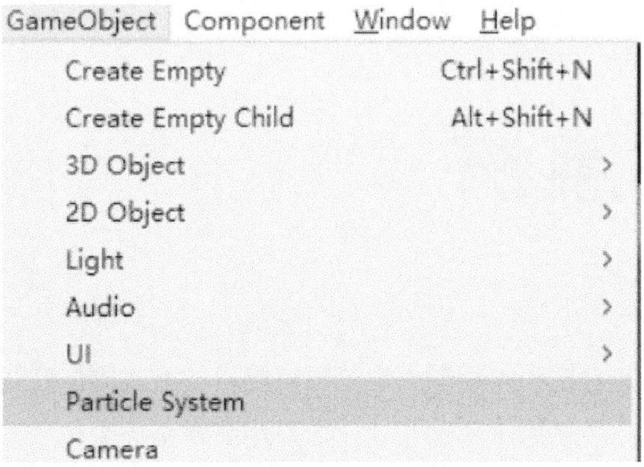

Unity 3D 自 3.5 版本起推出了名为 Shuriken（飞镖）的粒子系统，本章将对其介绍。

粒子系统有两种加入方式：可以像预制体那样直接以独立对象的方式加入场景，使用菜单“GameObject”→“Particle System”在场景中加入独立的粒子系统（见图 8-1）；也可以以组件的方式加载在场景中的物体上，使用菜单“Component”→“Effects”→“Particle System”来给场景中加入作为组件依附的粒子系统（见图 8-2）。

GameObject Component Window Help
Create Empty Ctrl+Shift+N
Create Empty Child Alt+Shift+N
3D Object
2D Object
Light
Audio
UI
Particle System
Camera

图 8-1

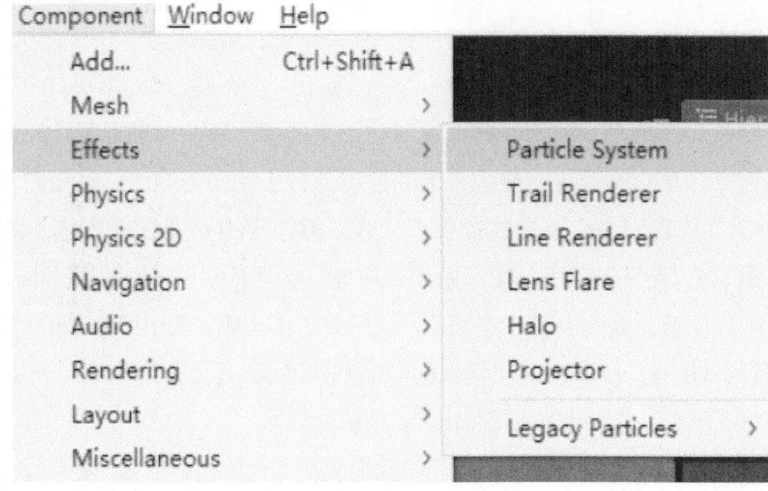

图 8-2

Unity 3D 中复杂的粒子系统参数繁多，以至于有人说它是程序员的噩梦。粒子的创建仿真需要耐心，要经过尝试—参数调整—运行渲染—看效果再调整—测试等步骤，往往比较耗时间，但是为了最终好的粒子仿真结果，这是值得的。下面重点关注几个核心参数及其所代表意义：

① Start Lifetime：粒子生命周期（总时间轴），一般为几秒，如此短的生命时间内粒子会经历不同变化。

② Shape：发射器形状。

③ Color over Lifetime：生命周期中色彩变化。

④ Size over Lifetime：生命周期中外形尺寸变化。

⑤ Max Particles：最大粒子数量。

对于这些参数可以分为初始化模块参数与扩展模块参数，下面给出参数中英文对照图（见图 8-3）。

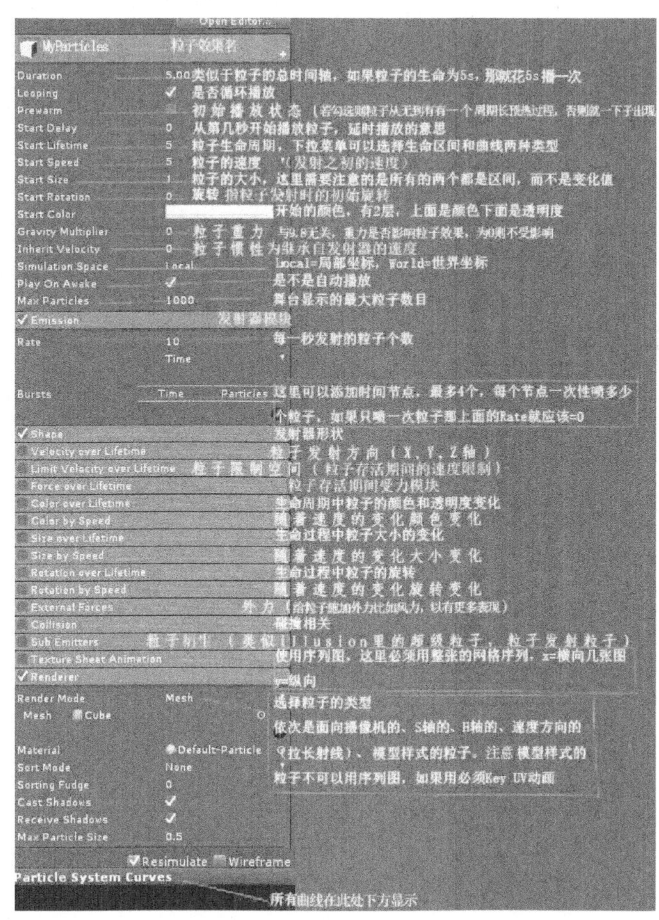

图 8-3

粒子初始化模块为粒子系统最基本的模块，粒子的基本属性选项都在此罗列出来，对操控粒子的持续时间、循环方式、速度、大小等都是很关键的，因此熟练地掌握各个属性含义对于调节粒子系统大有帮助。扩展模块包含了许多粒子基本属性选项的扩展选项，因此归类到扩展模块。粒子系统的这些模块不需要都掌握，在一般的效果制作中用到的选项以及模块大致包括时间、生命周期、速度、颜色、纹理、着色器（shader）以及这几个选项的相应扩展模块。粒子在场景中还要受风区、重力等外加因素影响。凡此种种，各种因素组合就可以创建自己想要的粒子效果，比如模仿瀑布，就选择比较窄的发射器，为水粒子施加重力让其水流直下“三千尺”，并在下落过程中加速；想模仿火焰，就对粒子施加一个向上的力，并在生命周期中增加尺寸，减小透明度，随机运动即可。

在应用中我们可以对这些模块进行适当的隐藏，不需要都罗列出来，用到哪些就调用哪些，这样使面板简洁，有助于工作。

8.2 实例 1：使用粒子系统制作火堆效果

① 使用菜单“GameObject”→“Particle System”在场景中加入独立的粒子系统。

② 在 Inspector 中设置各项参数：Duration=1.00，Start Lifetime=1，Start Speed=3，单击“Start Size”右侧的三角形按钮，在下拉列表中指定 Start Size 值的变化方式为“Random Between Two Constants”（在两常数值间随机选择），然后将两个常数值分别设为 0.5 和 0.8，如图 8-4 所示，并将场景中粒子系统旋转，使发射锥体口朝上。

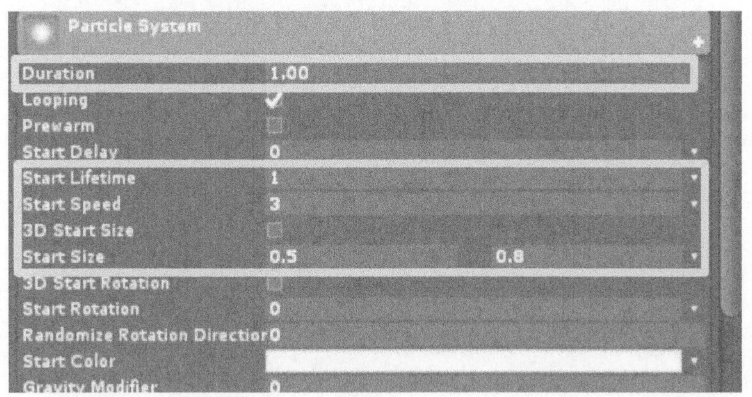

图 8-4

③ 依次选择 Inspector 中的 Emission、Shape、Color over Lifetime、Size over Lifetime、Renderer 选项，做如下设置（见图 8-5、图 8-6）。

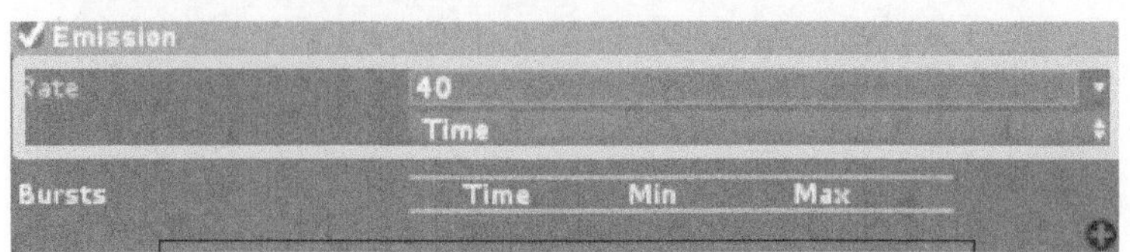

图 8-5

图 8-6

Emission：Rate=40；

Shape：Cone 锥形发射器；Angle=1；Radius=0.3；

Color over Lifetime：点击 Color 右侧色条，在弹出的“Color Editor”中设置为 Gradient(渐变色）方式，然后编辑渐变色及透明度（见图 8-7）。

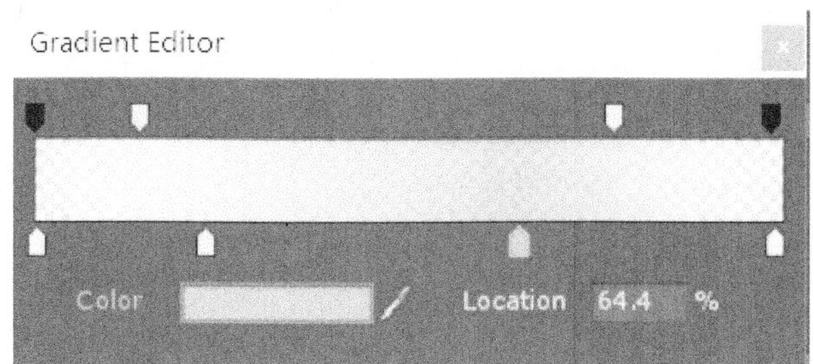

图 8-7

Size over Lifetime：在 Size 曲线上设置衰减，如图 8-8 所示。

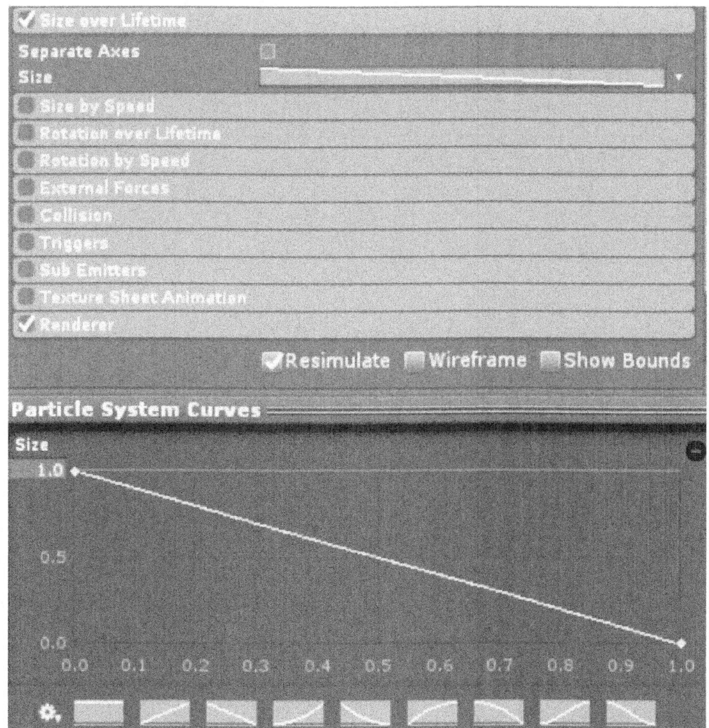

图 8-8

Renderer：先导入一张 128 像素 ×128 像素的纹理素材 fireRenderer.png，然后右击“Assets”目录空白处，选择“Create”→“Material”，并取名 Flame01，设置其 Shader 为 Particles/Additive，“Particle Texture”选择导入的 fireRenderer.png 如图 8-9 所示。

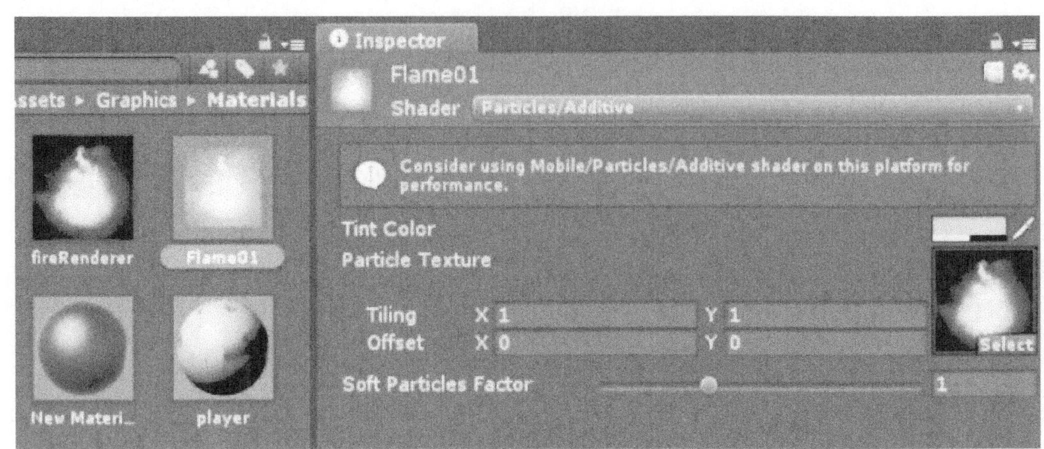

图 8-9

④ 有火就有光。为火加光，依次在菜单中执行“GameObject”→“Light”→“Point light”命令，在场景中新建一个点光源，调整其颜色为一种明亮的橙色，在“Inspector”中调整 Transform 组件，先重置一下，然后调节高度让其位于火焰的中央，并在 Hierarchy 面板中将点光源挂在粒子系统上，让其成为 Particle System 的子物体，见图 8-10、图 8-11。

可以选中“Particle System”将其从层级面板中拖回“Project”，做成 Prefab（预制体）供以后使用。

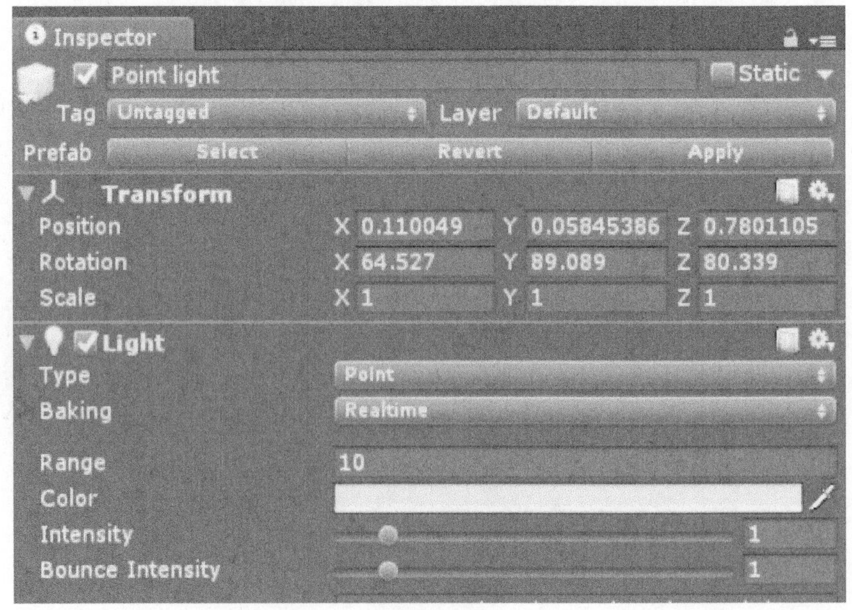

图 8-10

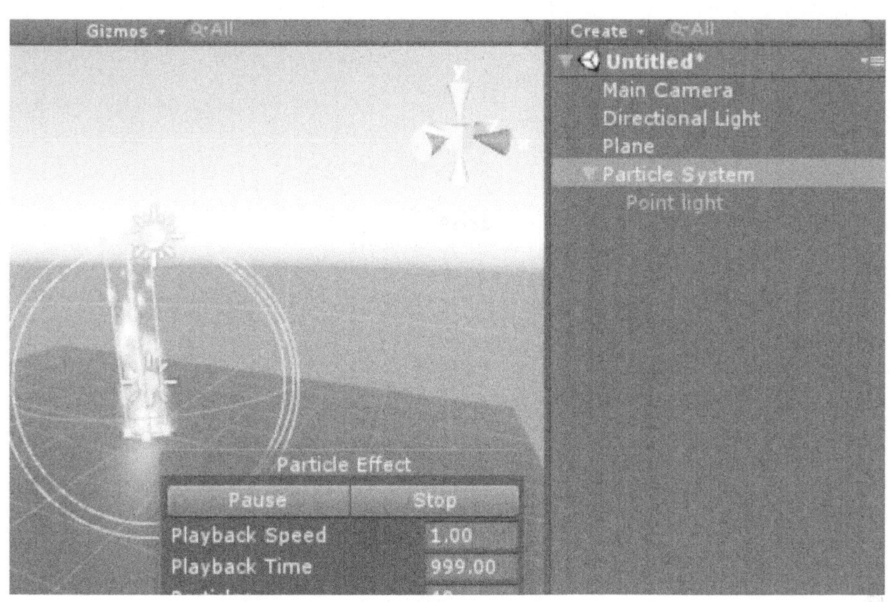

图 8-11

8.3 实例 2：使用粒子系统制作飞机发动机喷气尾管效果

① 先导入 fj.fbx 模型并进入场景，这是一个战斗机模型。导入后将其从“Project”的“Assets”中拖至“Hierarchy”中，在“Inspector”中查看 Transform 组件确认其位于原点。

② 执行菜单命令“GameObject”→“Particle System”在场景中加入独立的粒子系统，将其拖放至飞机机尾的喷气管口处，并旋转调节使粒子发射方向与飞机机身一致（见图 8-12）。

③ 在粒子系统的“Shape”模块中保持发射器形状为“Cone”（锥形，默认）。为了使粒子的发射更加汇聚，调整发射器的锥角开口角度为 0，半径 0.01，以让其基本呈直线发射；飞机发动机推力大，尾气将是高速的火焰粒子，且寿命短暂，因此设置“Start Lifetime”属性为“Random Between Two Constants”并且两个随机值分别取 0、0.4，即粒子生命在此范围内随机，此时粒子显得有些稀疏了，于是设置 Max Particles=8000，并调整发射器发射频率，将“Rate over Time”调到 2000，此时有比较粗的火焰喷出，但长度不够，于是再调整 Start Speed=30，此时尾管喷火变长了，如图 8-13 所示。

图 8-12

④ 为了使尾火更加逼真，不要太柱状化，可以调整粒子尺寸在生命周期中的变化，让粒子开始时较大，生命快结束时变小。调整“Size over Lifetime”曲线使曲线值快速递增至最大后逐渐衰减至 0，如图 8-14 所示。

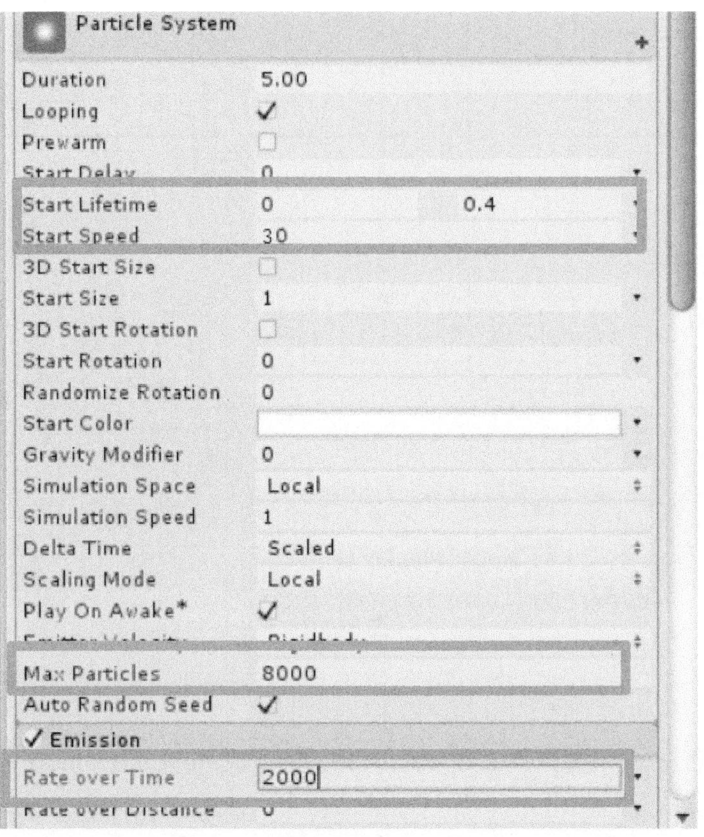
Particle System
Duration 5.00
Looping
Prewarm
Start Delay 0
Start Lifetime 0 0.4
Start Speed 30
3D Start Size
Start Size 1
3D Start Rotation
Start Rotation 0
Randomize Rotation 0
Start Color
Gravity Modifier 0
Simulation Space Local
Simulation Speed 1
Delta Time Scaled
Scaling Mode Local
Play On Awake*
Max Particles 8000
Auto Random Seed
Emission
Rate over Time 2000

图 8-13

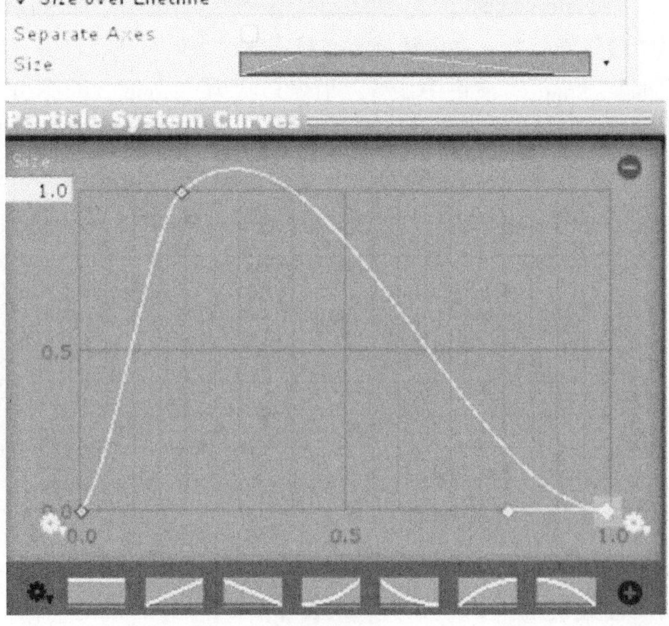
Size over Lifetime
Separate Axes
Size
Particle System Curves
1.0
0.5
0.0
0.5
1.0

图 8-14

⑤ 调整粒子的材质（见图 8-15、图 8-16），得到的效果如图 8-17 所示。

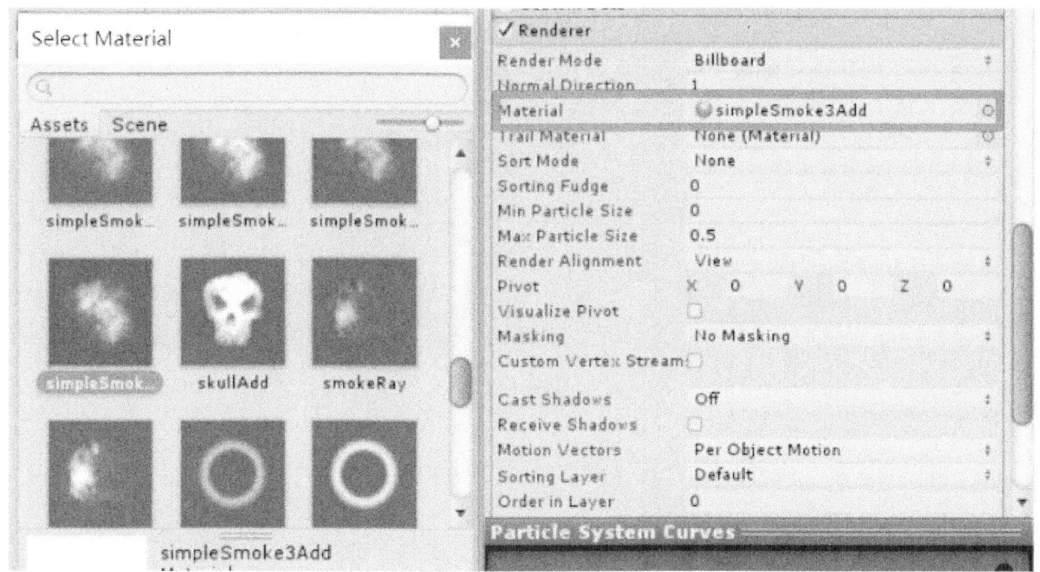

图 8-15

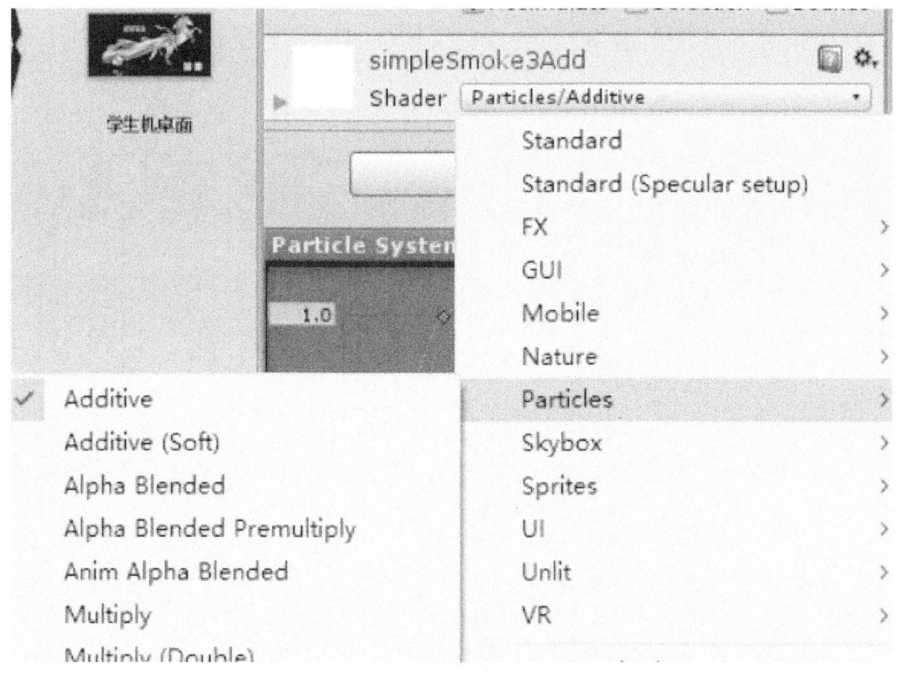

图 8-16

⑥ 调整尾火颜色。根据日常经验，火中央色温高低不同火焰会呈现不同颜色，6000℃以上会呈现蓝紫色，4000℃以下呈现红色，中间温度是橙色，我们把颜色调成蓝紫色以传达温度高的真实性（见图 8-18）。

图 8-17

图 8-18

⑦ 火焰颜色还是不够理想，使用另外一个属性“Color over Lifetime”来调整，勾选以激活“Color over Lifetime”属性模块，选择“Color”为 Gradient（渐变）方式，然后调整为从蓝紫色到橙色的渐变，并设置透明度，如图 8-19。

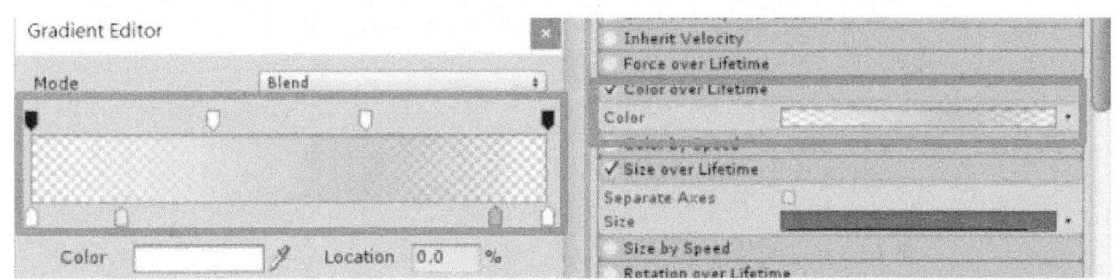

图 8-19

⑧ 效果尚可，将粒子命名为 fire，从层级面板中拖至 Project 项目的 Assets 目录中，以做成预制体，并将生成的预制体再复制一个拖至另一个尾管处摆好，将两个预制体火焰下挂至飞机（fj）下使其成为子物体，最终效果如图 8-20。

图 8-20

第8章思考练习题与答案

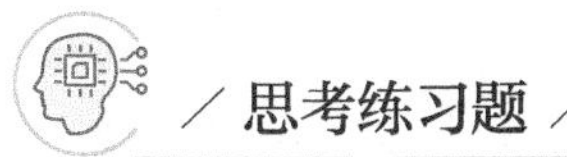

思考练习题

1. 以下哪种效果不是粒子系统可以实现的？（　　）

A. 水面反光效果

B. 火焰

C. 烟雾

D. 下雨

2. 以下关于“Particle System”组件的说法，错误的是（　　）。

A.“Particle System”组件是游戏对象能产生特效的必备条件

B. 多个具有“Particle System”组件的游戏对象以父子关系的形式组合在一起可以模拟现实世界中的复杂效果

C. 在 Unity 3D 的“Hierarchy”窗口中用鼠标单击具有“Particle System”组件的对象，会在“Scene”窗口中显示“Particle Effect”对话框并实时回放该对象的粒子效果

D. 在“Scene”窗口的“Particle Effect”对话框中可以设置粒子的属性

3. 以下关于如何实现粒子碰撞检测，错误的是（　　）。

A. 被碰撞的对象必须具备“Collider”组件

B. 粒子对象“Particle System”组件“Collision”单元的“Send Collision Messages”属性必须设置为“true”

C. 当粒子与其他游戏对象发生碰撞时，会触发“OnParticleCollision”事件

D. 同一个粒子系统的多个粒子同时碰到一个游戏对象时，会触发多个“OnParticleCollision”事件

4. 操作题

（1）使用粒子制作夜晚熊熊燃烧的篝火。

（2）使用粒子制作喷气式飞机发动机尾焰。

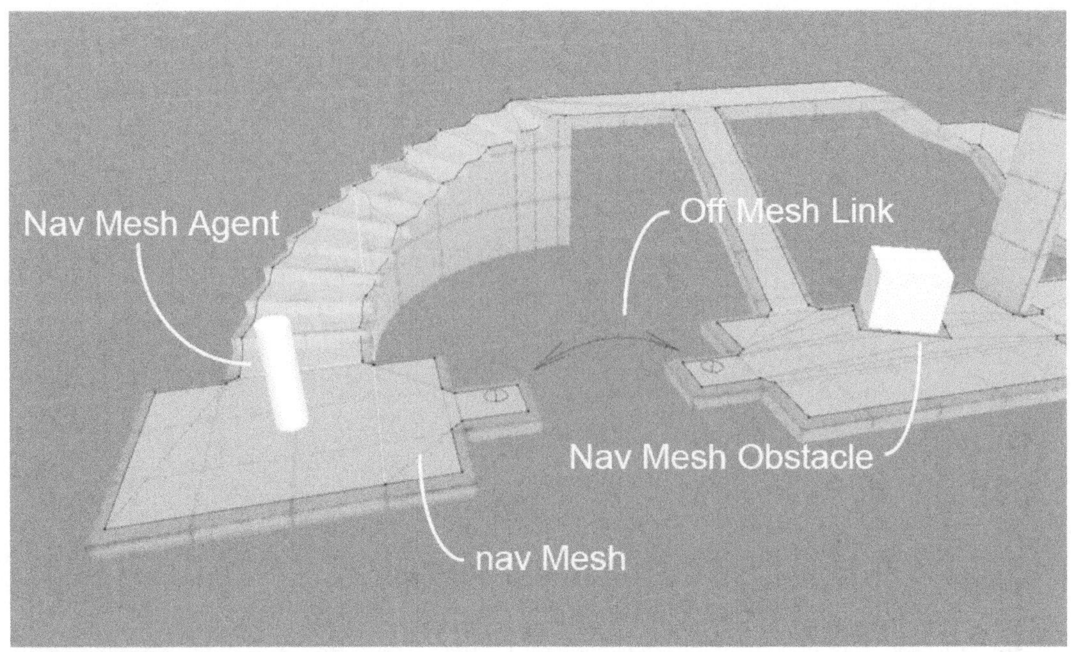

第9章 Unity 3D智能寻路导航系统

本章素质技能目标

掌握 Unity 3D 引擎中内置的智能寻路导航三大功能组件模块——Nav Mesh Agent、Off Mesh Link、Nav Mesh Obstacle 的功能使用，本章学习后可以制作比较复杂的游戏了，在此过程中培养系统性全局观意识、完整规划的管理能力、团队合作意识，引导学生从游戏者（player）到游戏开发者（maker）的转换，培养创新能力，在此过程中解决一个个小问题，最终形成探索解决问题、独立学习的能力，进一步向职业制作者靠近，体验开发创造的快乐，从而使其热爱学习、热爱职业。

人工智能（artificial intelligence，AI）作为当代的高科技，是研究用计算机来模拟人的某些思维过程和行为（如学习、推理、思考、规划等）的学科，并通过该技术生产出一种新的能以与人类相似的方式做出反应的智能机器。如今，软件的算法成果逐渐应用于人类社会生产管理的各个领域，同样应用于虚拟现实领域。Unity 3D 中的 Navigation、PathFinding 模块实际上就是人工智能算法在游戏、虚拟现实领域的应用，具体封装到 4 个组件中，分别是 navMesh、Nav Mesh Agent、Off Mesh Link、Nav Mesh Obstacle，这使得开发者积木式搭建智能游戏更加得心应手。本章我们来学习 Unity 3D 的智能寻路导航系统。

9.1 智能寻路导航系统简述

navMesh(导航网格) 是 3D 游戏世界中用于实现动态物体自动寻路的一种技术。游戏中，玩家角色需要在 3D 空间里寻路，Unity 3D 引擎内置有一个功能强大的智能寻路导航系统，它将游戏中复杂的结构组织关系简化为带有一定信息的网格，在这些网格的基础上通过一系列的计算来实现自动寻路。寻路时，只需要给寻路物体加载导航组件，寻路物体便会自行根据目标点来寻找最直接的路线，并沿着该路线到达目标点。Unity 3D 寻路系统允许开发者创建可以智能穿梭于虚拟游戏世界的角色，使用的导航网格是依据场景自动创建的。自动寻路系统可以实现绕过障碍、爬上与跳下障碍物、按类别寻找属于自己的道路、动态设置道路中的障碍等技术。本节将详细描述 Unity 3D 的智能寻路导航系统，Unity3D 中的 Navigation、PathFinding 模块实际上就是人工智能算法在游戏、虚拟现实领域的应用，具体封装在 4 个组件中，分别是：

① navMesh：导航网格，也就是可以进行寻路的区域。

② Nav Mesh Agent：导航网格代理（代理），就是在导航网格（navMesh）中进行移动的对象。

③ Off Mesh Link：网格断片连接组件，也就是两个导航网格之间的路径，一般显示为两个圆圈和一条有方向的弧线。

④ Nav Mesh Obstacle：障碍物，即代理需要绕开的对象，障碍物的周围没有导航网格。

9.2 NavMesh 及其创建

navMesh（导航网格）是一种数据结构，它描述游戏虚拟世界中的可通行区，并允许在游戏世界中查找从一个可通行位置点到一个可达位置点的路径。数据结构是根据场景的地平、斜坡、楼梯等几何可行走区自动计算评估出来的，这比手动放置节点更有效率而且更流畅。更重要的是，还可以一键重新计算整个导航网格，彻底摆脱了手动修改导航节点的烦琐过程。

步骤一般如下：

① 场景布置。在场景中摆放各种模型，包括地板、斜坡、立方体、墙、楼梯等（见图 9-1）。

② 选中场景中用于布置环境的所有物体，为所有的模型加上 Navigation Static 和 Off Mesh Link Generation（这个根据需要，例如地面与斜坡相连时斜坡就不需要添加此项），如图 9-2。

③ 特殊处理楼梯台阶。需要手动添加“Off Mesh Link”，设置好“Start Point”和“End Point”。

④ 保存场景，烘焙场景 (每当场景中添加了物体或修改了布置，最好都烘焙一下)。

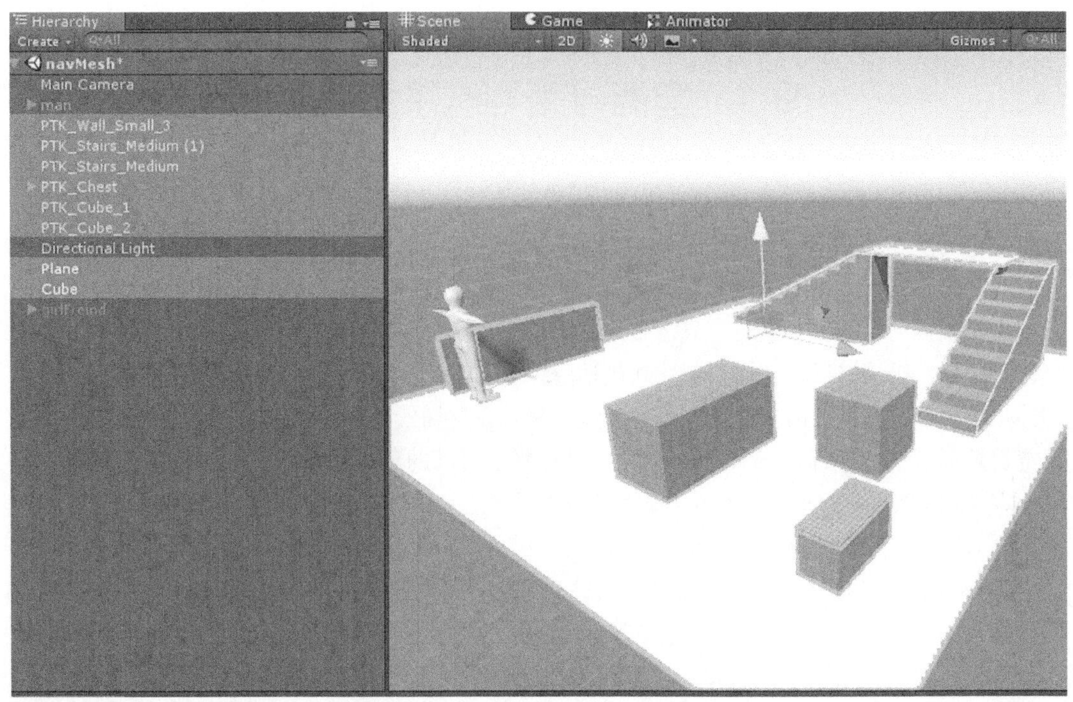

图 9-1

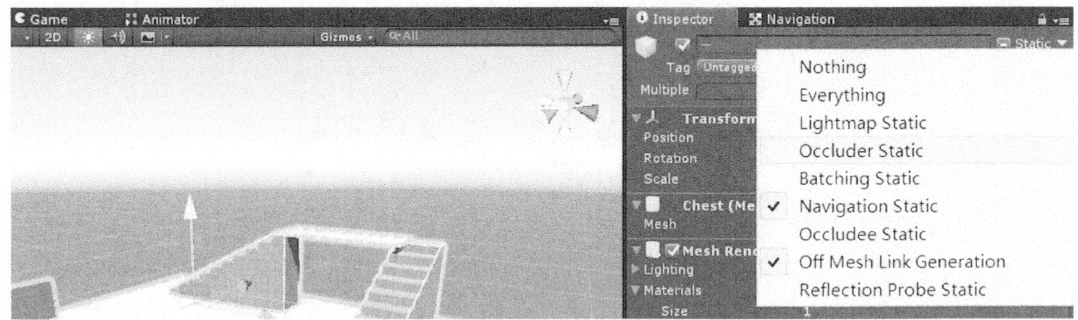

图 9-2

将需要作为导航网格的物体全部设置成Navigaition Static，只要打开“Windows”→“AI”→“Navigation”，选择要使用的物体并且放到场景路径中，然后把它们标记为导航静态（Navigation Static），这就会告诉Unity 3D这些物体是静态的(非移动)，在寻路的时候应该被考虑进去。在把静态物体加入了导航网格之后，可以选择一系列的设定，然后点击“Bake”按钮，比如在考虑加入一堵墙之前，确定坡有多陡以及台阶应该多高，这样就可以获得可以预览的视图，其中使用蓝色标记出可通行区。值得注意的是，不要仅仅因为物体存在在场景中就认为它是导航网格的一部分，比如在游戏中不在乎玩家是否会踩到砖头瓦砾，所以不需要把任何砖头瓦砾标识为导航静态（Navigation Static），这加快了导航网格的生成速度。

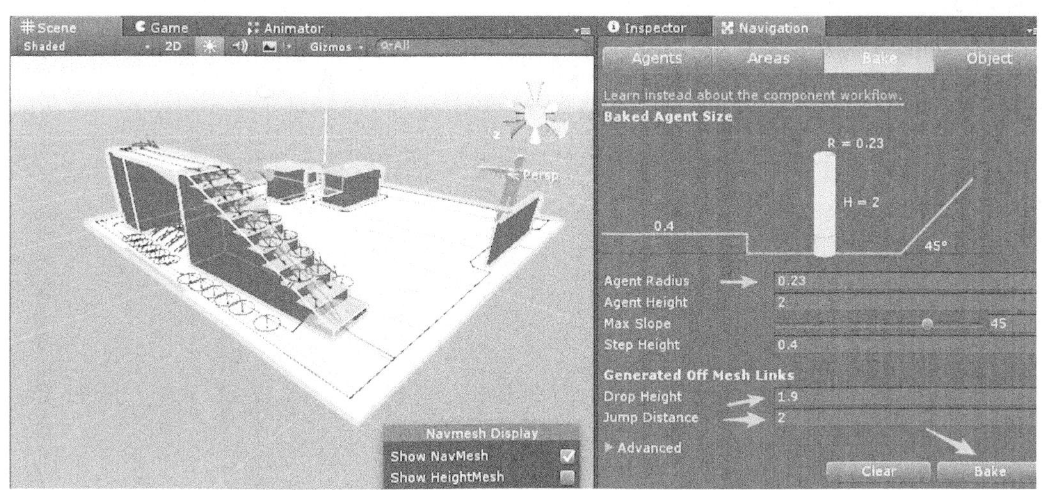

图 9-3

Navigation 窗口中，选择“Bake”（烘焙）界面，点击“Bake”按钮，进入场景烘焙，随后就可以烘焙出寻路网格（见图 9-3）。地形环境中被标注为蓝色的区域就是可行走区域（依据角色胖瘦、身高计算出的），小圆之间的带有箭头是生成的 Off Mesh Link（把“Off Mesh Link Generation”选项打上钩之后，Bake 之后还是没有出现 Off Mesh Link，是因为没有设置 Jump Distance 及 Drop Height 的值），此时在资源管理面板中也会看到生成的类似蛇形蜿蜒小路的 NavMesh 资源（见图 9-4），观察一下生成的 NavMesh 是否合理，如果不合理则继续调整参数后烘焙，直至满意。图 9-3 Bake 面板中各参数的意义解释如下：

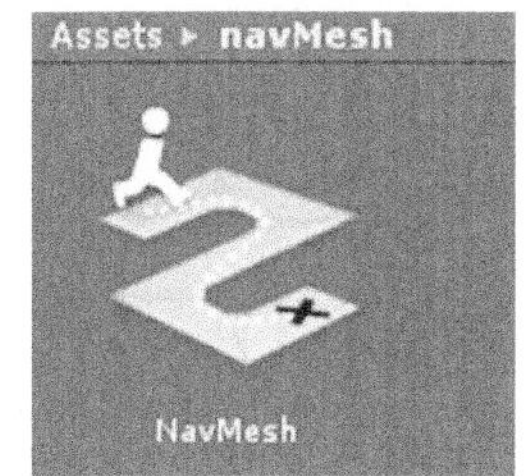

图 9-4

Agent Radius：意思是角色胖瘦，值越小生成的区域面积越大，用于定义网格和地形边缘的距离。

Agent Height：定义可以通行的最大高度。

Max Slope：定义可以爬上楼梯的最大坡度。

Step Height：定义可以登上台阶的最大高度。

Drop Height：允许最大下落距离。

Jump Distance：角色跳跃能力允许的最大跳跃距离。

9.3 Nav Mesh Agent 组件

Unity 3D 将复杂的智能寻路功能封装成几个组件，Nav Mesh Agent 就是其中最重要的一个，它主要挂在寻路物体上。

Nav Mesh Agent 组件可创建在实现冲向目标点时能相互避让以免碰撞踩踏的代理角色。导航网格代理使用游戏世界里的地形实情来进行推演，全盘考虑以达到行走的经济、安全、避免拥塞，智能算法使它们知道如何避让对方，也知道如何移动障碍。

在导航网格生成之后，给玩家模型增加一个 Nav Mesh Agent 组件，就可以进行寻路了。在这里为红色的角色 man 添加一个 Nav Mesh Agent，选中 man 后执行命令“Component”→“Navigation”→“Nav Mesh Agent”，从 Inspector 面板中发现角色上有了这个组件各参数如下（见图 9-5）。

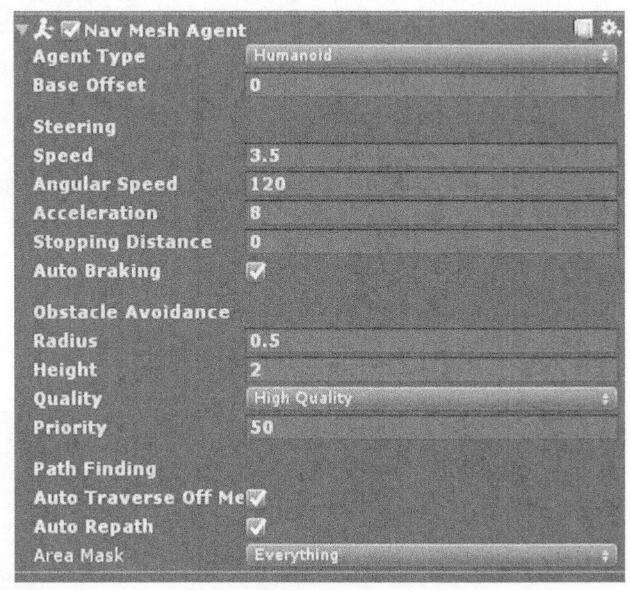

图 9-5

① Base Offset：偏移值。

② Steering：操控。

- Speed：物体自动寻路的速度。
- Angular Speed：转角的速度，就是转弯的速度。
- Acceleration：加速度。
- Stopping Distance：制动距离，当导航网格代理距目的地的距离小于这个值时开始减速。
- Auto Braking：自动停下来。

③ Obstacle Avoidance：避障。

- Radius：半径参数，表述行走者（导航角色）的身材胖瘦，相当于 Agent 的私人空间，在这个半径内其他障碍或 Agent 无法穿过。
- Height：表述他的身高，低于此值的门高行走者就过不去。
- Quality：躲避障碍物质量，当网格导航代理数量较多时降低此值可以减少 CPU 使用率，可以设置 Quality 为 None，表示互不避让寻路物体，互相穿越。
- Priority：优先权（范围 0 ～ 99），网格导航代理只会躲避优先权高于自己的其他代理，值越小优先级越高。

④ Path Finding：自动寻路。

• Auto Traverse Off Mesh Link：通常当该属性勾选上时，角色应该有能力自动通过或者穿过 Off Mesh Link，但是在需要特殊控制移动的时候它也可以不选。

• Auto Repath：自动重新寻路。如果发现现有路径已失效，那么它将获得新的路径，一般将其勾选上。

• Area Mask：该物体可以行进的网格层掩码。能通过的 Mask 层（代理的行动区域，即能在什么地方走，默认为 Everthing 任何地方），这个可以配合 Navigation 组件中 Areas（设置层的）使用。

剩下的就是脚本调用网格导航代理模块实现寻路了。我们为游戏增加用鼠标控制 Nav Mesh Agent 寻路到目的地的功能。首先为平面与环境物体设置标签 Enveronment，再为角色新增一个脚本 ManController.cs，以实现点击目标点后自动寻路过去的功能。

```
using UnityEngine;
using UnityEngine.AI;

public class ManController : MonoBehaviour{
   private NavMeshAgent m_agent;
   private Animator anim;

   void Start(){
       //获取组件
       m_agent = GetComponent<NavMeshAgent>();
       anim = GetComponent<Animator>();
   }
   void Update() {
      //鼠标左键点击
      if (Input.GetMouseButtonDown(0)){
           //摄像机到点击位置的射线
           Ray ray = Camera.main.ScreenPointToRay(Input.mousePosition);
           RaycastHit hit;
           if (Physics.Raycast(ray, out hit)){
                //确认点击的不是烘焙过的可行走区域
                if (!hit.collider.name.Equals("Enveronment")){  return;
                }
                //点击位置坐标
                Vector3 point = hit.point;
                //转向
                transform.LookAt(new Vector3(point.x, transform.position.y,
point.z));
                //设置寻路的目标点
                m_agent.SetDestination(point);
                anim.SetBool("walk",true);
           }
      }
      //切换动画状态，判断是否到达了目的地，状态机切换空闲或者跑步状态
      if (m_agent.remainingDistance <= 0.1f)
      {
```

```
            anim.SetBool("walk",false);
        }
        else
        {
            anim.SetBool("walk",true);
        }
    }
}
```

我们在第 6 章讲过的动画的基础上来实现。首先确保游戏角色 man 上面挂载了 Animator 组件，拥有了 idle、walk 等动画片段，设置好了动画状态机及状态切换参数，然后加载 ManController 脚本组件，点击鼠标发现 man 会自动绕开障碍寻路到鼠标点击处（见图 9-6）。

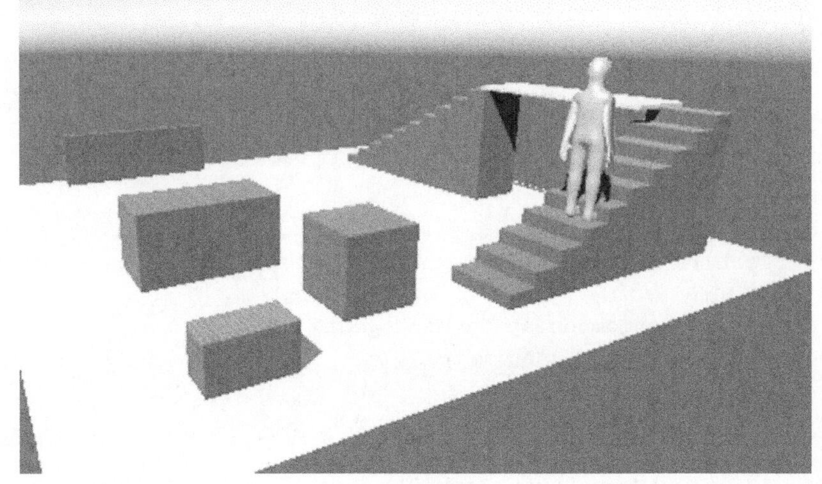

图 9-6

9.4 Off Mesh Link 组件

Off Mesh Link 网格断片连接组件（亦可称为通行区域断片连接组件）允许我们创建当面临表面无法正常通行时的非常规捷径（不走寻常路，比如翻墙、跳跃、搭桥、借力于湍流中的巨石等），可理解为"狗急跳墙"。跳过水渠沟壑、翻过篱笆，或者在通行前打开的一扇门，都可以使用通行区域断片连接（Off Mesh Link）组件。

可实现区域转移功能［例如，有时不一定只是在地面上进行寻路，可能在高高的平台，平台与地面是不相连的，使用该组件可以跳到平台上（需要两个对象，一个开始一个结束，表示连接两个地的对象）］。

爬楼梯或是跳跃，navMesh 都是通过 Off Mesh Link 来完成的。创建 Off Mesh Link 的方法有两种，接下来会通过制作上面的例子来说明。

布置如下的场景：场景中搭建高低不同的两个平台 High_Cube、Low_Cube，按 Crtl+D 快捷键将角色 man 复制一个并按 F2 键更名为 girlFreind，将 girlFreind 角色的材质简单设置为绿色材质，然后将其放置在高的平台（High_Cube）上（见图 9-7）。

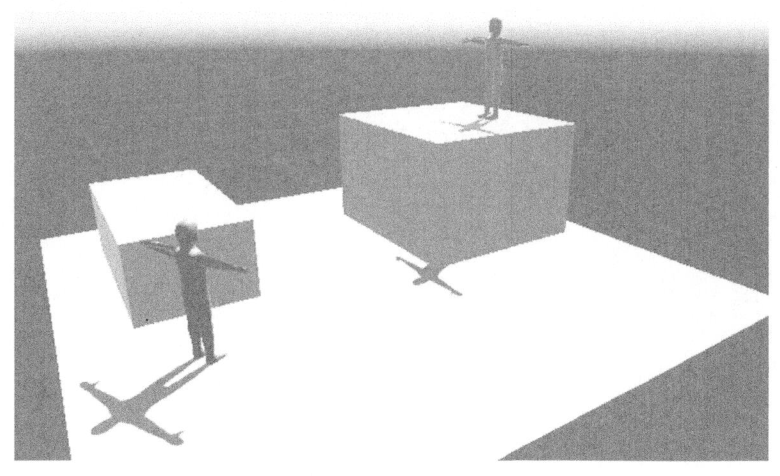

图 9-7

为 man 挂载 Nav Mesh Agent 组件，将地板和高低不同的两个 Cube 同时选中后在 Inspector 中将它们设置为 Navigation Static 和 Off Mesh Link Generation 属性（打上钩），按照 9.2 节中的参数设置执行烘焙，单击“Bake”按钮后，很快系统计算出了 navMesh 区域并使用蓝色标记，从图 9-8 中我们可以看到 Low_Cube 与 Plane 之间生成了 Off Mesh Link 线，而 High_Cube 则因为高度超出了烘焙前预设的 1.9m 的“Drop Height”而未生成 Off Mesh Link 线，也就是角色能够从低一些的 Low_Cube 上跳到地面上却不能在 High_Cube 上做同样的事，即不能从 High_Cube 上跳下来，更不能上去与 girlFreind 相见，此时可以使用 Off Mesh Link 组件来解决角色跳跃到高台上的问题，man 就可以与 girlFreind 相见了。

如图 9-9，在场景中建立两个新的 Cube 物体，放在高台上的命名 EndPos，放在地面上的命名 StartPos。

图 9-8

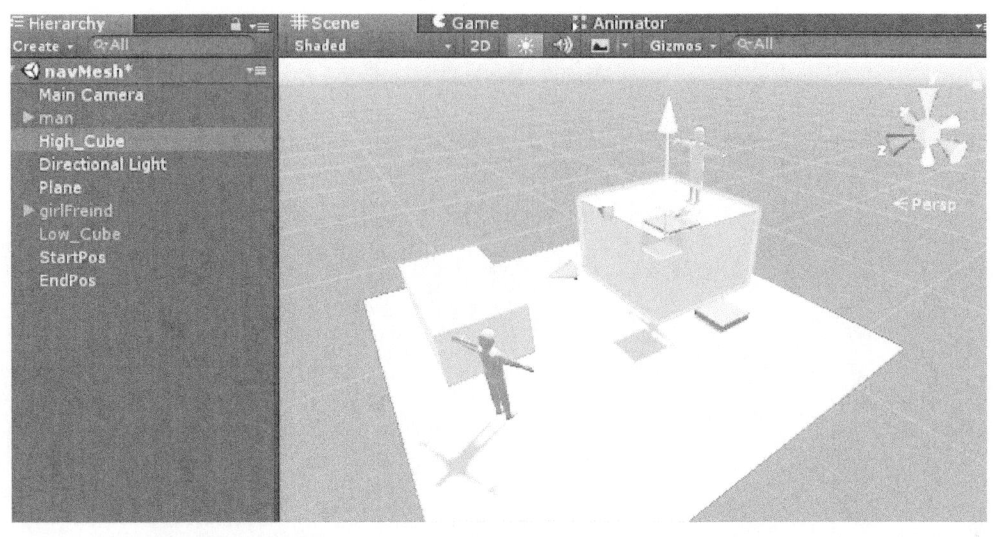

图 9-9

图 9-10

设置其 Navigation Static 和 Off Mesh Link Generation 属性（打上钩），为地面上的 StartPos 添加 Off Mesh Link 组件，并在 Inspector 中对 Start 和 End 属性做如图 9-10 的设置，勾选“Bi Direction”选项，其他选项保持不变，然后再在 Navigation 面板的 Bake 标签页中点击“Bake”按钮烘焙，得到新的 navMesh 图，如图 9-11。这时我们发现，在场景里面，SartPos 和 EndPos 之间生成了一条线，而且是双向的，接下来为 man 添加一个名为 SeekingFreind 的脚本组件，代码如下。

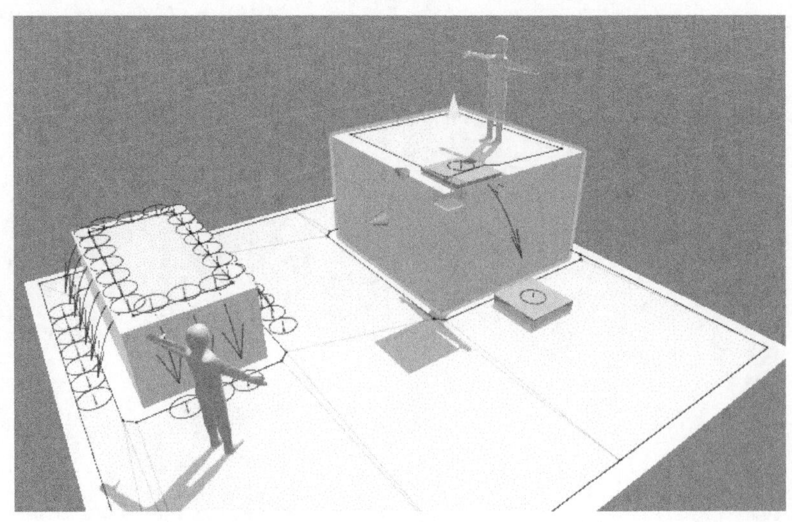

图 9-11

```
using System.Collections;
using System.Collections.Generic;
using UnityEngine;
using UnityEngine.AI;

public class SeekingFreind : MonoBehaviour {
       public Transform HisFreind;
       private NavMeshAgent agent;

       void Start () {
         agent = GetComponent<NavMeshAgent>();
       }


       void Update () {
         agent.SetDestination(HisFreind.position);
       }
}
```

在 Inspector 中，拖动 girlFreind 填充 man 的 SeekingFreind 组件的 HisFreind 变量槽，再点击运行，这时候可以通过移动 girlFreind 让 man 角色追逐了，High_Cube 对 man 将不再是难题，man 角色能够从 SartPos 和 EndPos 之间的连线处爬上去，又能够跳下来，直至追到 girlFreind 为止，如图 9-12 所示。

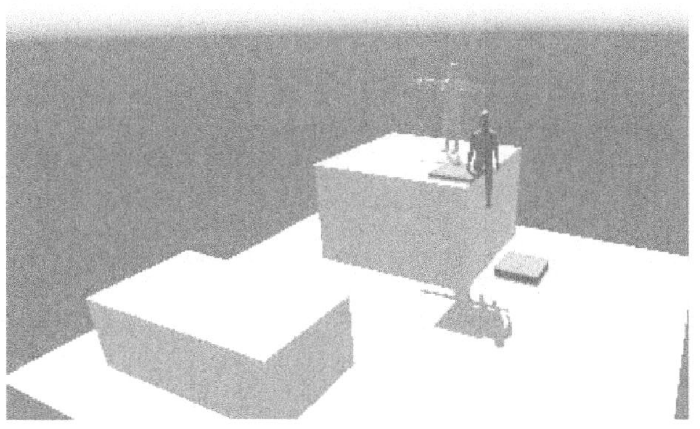

图 9-12

9.5 Nav Mesh Obstacle 组件

Nav Mesh Obstacle 障碍物组件用于表述行走信使（Nav Mesh Agent）在闯荡虚拟世界时应该避免的移动障碍。动态障碍物组件允许运行时更改角色的导航策略，由物理系统控制的桶或板条箱是 Nav Mesh Obstacle 组件很好的例子。当障碍物移动时，角色会尽力避开它，但是一旦障碍物变得静止，角色要么会在其上找出可供通行的通道（这样代理就可以改变它们的路径穿过去），要么代理找到另一条路径。

创建一个简单场景，两组斑马线之间存在一个名为 BridgeMechanism 的桥，如图 9-13 所示，如想使用 BridgeMechanism 做一个带有机关性质的路障（机关触发后代码来设置桥的通断），以前得使用 Navigation 面板中“Layer”标签页和“Object”标签页及 Nav Mesh Agent 组件的 Nav Mesh Walkable 属性来综合设置，比较麻烦，现在使用 Nav Mesh Obstacle 组件的 enabled 值可以轻易实现。

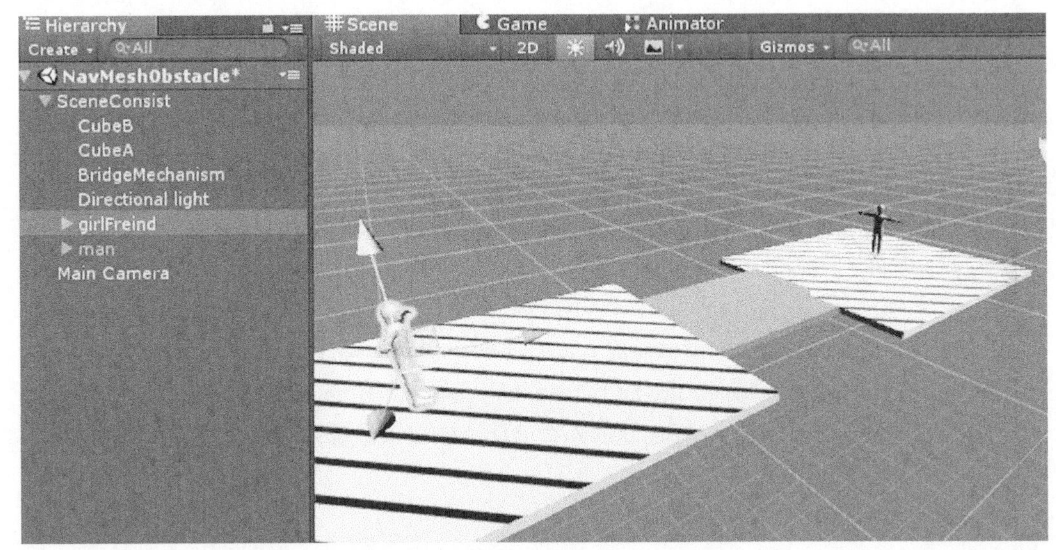

图 9-13

Nav Mesh Agent 组件主要挂载在决定路径通断的障碍物上，所以选中中间的蓝色桥体，执行命令“Component”→“Navigation”→“Nav Mesh Obstacle”命令为其添加 Nav Mesh Obstacle 组件，此时它会呈现为一个胶囊体样的物体（见图 9-14），在 Inspector 视图中修改该组件的 Radius、Height 属性值（见图 9-15），将障碍物大小调整合适。

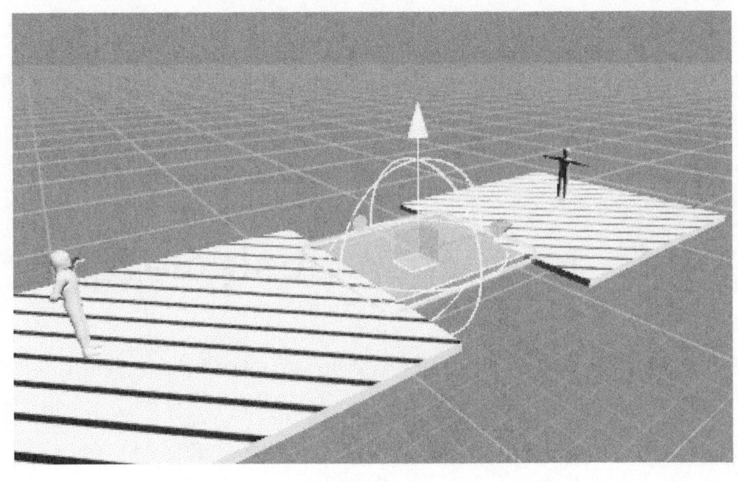

图 9-14

使用脚本控制桥机关的通断。为桥添加一个名为 ObstacleMechanism 的脚本组件，在其中启动一个协程，一开始桥被 Nav Mesh Obstacle 阻断，渲染器也不将其渲染出来，4s 后使 Nav Mesh Obstacle 的 enabled 属性为 false，阻断失效，man 就可以通行过去找 girlFreind 了，此时主观视觉也让其被渲染呈现出来。Nav Mesh Obstacle 脚本代码如下：

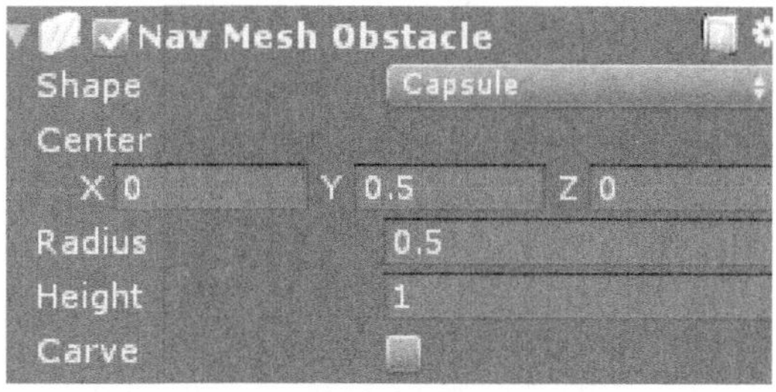

图 9-15

```
using System.Collections;
using System.Collections.Generic;
using UnityEngine;
using UnityEngine.AI;
public class ObstacleMechanism : MonoBehaviour {


      void Start () {
              StartCoroutine(InitMechanism());
      }

      //设置桥因 NavMeshObstacle 组件而处于断开
      //状态，2s 后让 NavMeshObstacle 失效而桥连通并渲染出
      IEnumerator InitMechanism () {
            GetComponent<Renderer>().enabled = false;
            yield return new WaitForSeconds (4f);
            this.GetComponent <NavMeshObstacle >().enabled=false ;
            GetComponent<Renderer>().enabled = true;
      }
}
```

为 man 加载前面所述的 SeekingFreind 脚本组件，设置如前面（HisFreind 参数为 girlFreind），点击运行，结果 man 在桥边受阻 4s 后桥连通使其得以顺利通过。如图 9-16 所示。

图 9-16

Nav Mesh Obstacle 分为两种模式：一种是普通模式，通过设置半径和高度来确定一个范围，阻挡 Nav Mesh Agent 移动；另一种是 Carve 模式，在导航网格上根据模型的大小，挖出一个“洞”，使模型范围内的导航网格消失，这样 Nav Mesh Agent 就不能经过此区域了。

可以设置的属性如下：

Radius: 半径；

Height: 高度；

Move Threshold: 当模式为 Carve 时，此物体的移动距离超过这个阈值后，更新当前的导航网格（重新挖洞）；

Carve ：是否打开在导航网格挖洞的模式。

Nav Mesh Obstacle 总结：在角色的导航范围内，若需要出现障碍物，我们一般将这些障碍物设置为静态，一起参与导航烘焙，如此，角色在导航时就不会再与这些障碍物碰撞。

在大多数游戏情景中，可行进的区域往往不是完全不变的。比如被破坏的路、桥等将不再允许通过。那么，如何控制行进物体呢？有两种解决办法。第一种解决办法是分层控制，动态更改可行进层，比如对于不同的桥，分别用不同的层来控制。但是这种处理有一个局限性，比如一个游戏场景中有包含很多桥的情形，每个桥都有通行或禁止状态，那么如果分层控制，那么就需要为每一个桥分一个层，这样一来层数肯定不够用，因为在 Unity 3D 中最多只能分 32 层。在很多的时候，频繁改动行进物体的可行进层也不是一件轻松的事情。

第二种解决办法是利用 Nav Mesh Obstacle 组件处理类似动态路障（这些路障甚至于可以是由代码实例化预制体所动态产生的，既没有设置 Nav Mesh Static 也没有来得及参与导航网格烘焙）的问题。只要将该组件加载到动态路障上，行进物体将会在寻路时自动躲避这些路障，即利用 Nav Mesh Obstacle 组件处理类似动态路障的问题。采用这种办法时，不需要手动改变行进物体的可行进层，只需要在桥体上加载 Nav Mesh Obstacle 组件，然后通过脚本改变 Nav Mesh Obstacle 组件的 enable 的值即可。在桥面可通行时，enable 的值为 false，桥面不可通行时 enable 的值为 true。

第9章思考练习题与答案

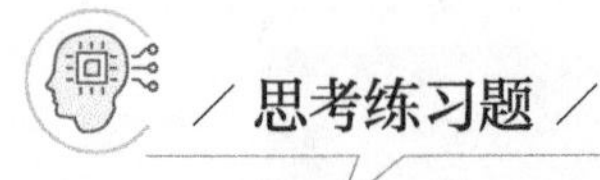

思考练习题

1. 什么是导航网格（navMesh）？（　　）

A. 一种用于描述相机轨迹的网格

B. 一种用于实现自动寻址的网格

C. 一种被优化过的物体网格

D. 一种用于物理碰撞的网格

2. Unity 3D 中使用寻路导航功能要引入哪个包？

3. Unity 3D 中使用寻路导航功能时如果遇到 Mesh 断片了怎么办？

4. Unity 3D 中寻路主角身上加载哪个组件?

5. 以下关于 Unity 3D 自动寻路功能的说法，错误的是（　　）。

A. 要实现自动寻路功能，需要在 Unity 的“Navigation”窗口中进行寻路网格的设置并进行烘焙，在烘焙寻路网格之前，要在“Hierarchy”窗口选定“地图”对象

B.“地图”对象应该设置为“Navigation Static”才能烘焙出寻路网格

C. 给自动寻路的对象添加“Nav Mesh Agent”组件，并在脚本中设置其“destination”属性，则可以使对象自动运动到“destination”属性指定的位置上

D.“destination”属性指定的位置必须在地图对象上

6. 操作题

使用所给素材与场景操练导航网格相关几个重要组件以熟练掌握它们的使用。

参考文献

[1] 邵伟，李晔 . Unity VR 虚拟现实完全自学教程 [M]. 北京：电子工业出版社，2019.
[2] 索恩 . Unity 脚本设计 [M]. 刘君，译 . 北京：清华大学出版社，2016.
[3] 耿卫东，陈为，梁秀波，等 . 计算机游戏程序设计·提高篇 [M]. 3 版 . 北京：电子工业出版社，2018.
[4] 张帆 . Unity 2017 经典游戏开发教程：算法分析与实现 [M]. 北京：人民邮电出版社，2018.
[5] 胡小强 . 虚拟现实技术与应用 [M]. 北京：高等教育出版社，2004.
[6] 陈嘉栋 .Unity 3D 脚本编程，使用 C# 语言开发跨平台游戏 [M]. 北京：电子工业出版社，2016.
[7] Unity Technologies. Unity 5.X 从入门到精通 [M]. 北京：中国铁道出版社，2016.
[8] Unity Technologies. Unity 官方案例精讲 [M]. 北京：中国铁道出版社，2015.
[9] 程明智 . Unity 5.X 游戏开发技术与实例 [M]. 北京：电子工业出版社，2016.
[10] 程明智 . Unity 应用开发实战案例 [M]. 北京：电子工业出版社，2019.
[11] 姚亮 . 虚拟现实引擎开发——Unity 3D 技术基础 [M]. 北京：电子工业出版社，2019.
[12] 传智播客高教产品研发部 . C# 程序设计基础入门教程 [M]. 北京：人民邮电出版社，2014.
[13] 索利斯 . C# 图解教程 [M]. 姚琪琳，译 .4 版 . 北京：人民邮电出版社，2013.
[14] Unity Technologies. Unity 虚拟仿真与游戏开发实用教程 [M]. 上海：上海交通大学出版社，2015.